KB019262

한 번에 끝내는 **사회 지리 편**

교과서가 쉬워지는

한 번에 끝내는 **사회 지리 편**

교과서가 쉬워지는 통사회

홍근태 지음

성림원북스

사회는 암기 과목인가요?

'사회가 너무 어려워요', '사회는 암기 과목인가요?', '어떻게 해야 사회 공부를 잘할 수 있죠?'

사회를 잘하고 싶은데 잘되지 않아서 걱정하는 마음이 친구들의 고민 속에 담겨 있습니다. 수년 동안 사회 공부를 어려워하는 친구들에게 이러한 질문을 받을 때마다 명확한 해답을 주지 못해 안타까웠습니다. 어렵게 자신의 고민을 꺼낸 친구들에게 도움을 주지 못했던 것이 항상 제 마음 한구석에 매달린 커다란 짐이었습니다.

직사각형의 돌을 동그란 모양으로 바꾸려면 돌의 가장자리부터 여러 번 다듬고 깎아야 합니다. 때로는 연장을 대고 강하게 내리쳐서 돌덩이를 떼어 내기도 해야 하고, 만들고 싶은 모양에 맞춰 가면서 돌의 이쪽저쪽을 정교하게 밀고 다듬어야 합니다. 그렇게 오랜 시간과 정성을 들일수록 돌은 점점 둥글고 아름답게 만들어집니다. 학생들의 고민을 덜어 주고 싶은 마음을 간직한 채 오랫동안 지식을 담고, 다듬고, 덜어 내면서 학생들이 원하는 모양이 나올 때까지 많은 시간과 노력을 들여 이 책을 만들었습니다.

사회 공부 때문에 고민하는 친구들이 기본기를 다져서 혼자서도 사회를 쉽게 공부할 수 있도록 돕고, 중학교 '사회 1'에서부터 고등학교 '통합 사회', '한국 지리', '세계 지리'까지 책 속의 주제를 완벽하게 소화할 수 있도록 노력했습니다. 사회 과목은 지리, 정치, 경제, 사회, 문화, 법 등을 포함하는데, 이 책은 지리의 핵심 개념인 지형과 기후를 각각 나누어서 정리했습니다. 1부에서는 대지형과 소지형의 종류와 형성 원인, 2부에서는 다양한 기후의 종류와 주민 생활에 대한 내용을 주로 다루었습니다. 또한 사회 과목은 말 그대로 우리가 살고 있는 사회에 대한 현상을 다루기 때문에 사회를 실감나게 공부할 수 있도록 각 장의 내용과 관련된 이야기들을 모아서 '썰강'에 실었습니다. 여러분의 이해를 돕기 위해 기억 속에 감춰 두었던 개인적인 경험들을 그 안에 풀기도 했습니다.

저를 믿고 사회 공부에 대한 고민을 털어놓은 친구들과 사회 공부 방법을 몰라 걱정했던 친구들을 생각하면서 이 책을 만들었습니다. 특히, 친구들이 사회 공부를 하면서 가장 많이 하는 두 가지 고민을 해소하는 데 주력했습니다. 다음 페이지에 나오는 <사회 META 솔루션>을 읽어 보면서 사회 공부에 자신감을 가지고, 즐겁고 재밌게 공부했으면 좋겠습니다.

2020년 여름

홍 근 태

사회 META 솔루션

사회 META 솔루션은 여러분이 사회 공부하면서 느끼는
어려움이나 고민을 함께 해결하는 학습 문제 해결 프로젝트입니다.

사회는 암기 과목인가요?

오랫동안 비가 내리지 않아 물이 부족해지는 현상을 '가뭄'이라고 합니다. 가뭄을 대비해 사람들은 두 가지 관점에서 대책을 생각해요.

관점 1 가뭄이 들기 전에 물을 저장해야 되겠군.

관점 2 가뭄이 들어 물이 부족해지면 물을 어디서 구하지?

관점 1에 따라 물을 저장하는 방법을 생각해 봅시다. 물을 가둘 수 있게 저수지나 보 혹은 댐을 만들 수 있겠죠. 모두 물의 흐름을 막아 물을 저장하는 방법이에요. 이 중에서 댐은 비교적 규모가 커서 주변 생태계에 미치는 영향이 큽니다.

가뭄이 들어 물이 부족해지면 관점 2에 따라 물이 있는 곳을 찾아야 될 텐데, 물은 어디에 있을까요? 물은 하천, 바다처럼 지상에도 있고, 지하에도 있습니다. 물 부족 국가들은 땅속에 흐르는 지하수를 사용합니다. 또한 물이 부족한 지역에서는 물이 풍부한 지역에서부터 수로로 연결해 물을 가져오기도 합니다. 이러한 가뭄의 대책에 관한 내용을 참고서에서는 이렇게 소개합니다.

1. 가뭄: 오랫동안 비가 내리지 않아 강수량이 비정상적으로 적어진 상태

2. 가뭄 대책

1 저수지, 보 축조 3 지하수 개발

2 댐 건설 4 관개수로

참고서를 보는 순간 가뭄의 의미와 네 가지 대책을 연필로 밑줄을 마구 그어 가면서 외워야 할 것 같죠. 하지만 이건 지금까지 설명한 내용들을 정리해 놓은 것뿐이에요. 그럼 이런 걸 어떻게 공부해야 할까요?

비법 1

문장을 그대로 외우지 마!

차근차근 살펴볼까요? 위의 박스 안에 있는 '가뭄'의 뜻을 읽어 보세요. '오랫동안 비가 내리지 않아 강수량이 비정상적으로 적어진 상태'는 가뭄을 저자가 나름의 논리로 서술한 거예요. 즉, 책을 쓴 사람이 자기의 생각을 최대한 객관적으로 적은 문장이죠. 따라서 저자가 정리한 문장을 그대로 외울 필요는 없습니다. 여러분은 가뭄의 뜻을 읽고, '가뭄은 비가 적게 와서 물이 부족해진 거야'라고 이해하면 됩니다. 그러면 가뭄의 개념 정리가 끝난 거예요. 어렵나요? 이것보다 더 강력한 방법은 가뭄의 이미지를 보는 거예요. 땅이 쩍쩍 갈라진 사진처럼 상황이 떠오르는 이미지를 보는 것도 개념 이해에 도움이 됩니다.

비법 2

문제 속으로 들어가 봐!

큰일이에요. 가뭄 때문에 수돗물 공급이 중단되었고, 마트 진열대에 있는 물도 품절되었습니다. 당분간 비 소식도 없다고 하는데, 어떻게 해야 할까요?

사회 교과서에서는 가뭄에 처한 개인의 생존보다는 사회적인 문제 해결 방법을 제시합니다. 쉽게 말해 문제가 생겼을 때 사회가 잘 돌아가기 위한 방법이나 다수에게 유익한 대안을 찾는 것이죠. 가뭄이 들어 물이 부족할 때 개인은 물이 풍부한 지역으로 이동해 문제를 해결할 수 있지만, 그건 모든 사람을 위한 대안, 즉 사회적인 해결 방법이 될 수 없습니다.

사회적인 해결 방법이란 무엇일까요? 가뭄을 대비해 많은 사람들이 물을 이용할 수 있는 물 저장 시설(저수지, 보, 댐)이나 지하수 개발 혹은 수로를 통해 다른 지역의 물을 가져오는 방법 등이 있어요. 이러한 대안을 사회적인 문제 해결 방법으로 볼 수 있습니다. 사회적 관점에서 가뭄 극복 방법을 정리하면 다음과 같습니다.

가뭄 대책

1. 저수지, 보 축조
2. 댐 건설
3. 지하수 개발
4. 관개수로

사회 교과는 교과의 특성상 문제 해결의 포인트가 '사회'에 있습니다. 위에 제시된 가뭄 극복의 목적이 다수 시민들이 처한 문제 해결에 초점이 맞춰져 있는 것처럼 사회를 공부할 때에는 여러분이 문제 상황에 있다고

가정하고 공부하는 것이 좋습니다. 예를 들어, '문화 전파' 개념을 공부한다면 길거리 음식을 영상에 담아 외국인에게 소개하는 영상을 업로드하는 모습을 생각하는 것이죠. 사회를 현실감 있고, 재밌게 공부하는 방법은 내가 주제 상황에 들어가 보는 것입니다.

지금까지 읽은 가뭄의 뜻과 대책을 아래 빈 칸에 생각나는 대로 적어 보세요.

가뭄

1 뜻:

2 대책:

위의 글을 읽기 전에 여러분은 이미 가뭄에 대해 알고 있었습니다. 가뭄에 대해 들어 봤거나 가뭄에 대한 사진이나 동영상을 본 적이 있을 테니까요. 또한 여러분은 이미 저수지, 댐에 대해서도 알고 있습니다. 관개수로는 처음 들었을 수도 있겠네요. 사회 교과서에는 우리가 들었거나 알고 있는 것들을 짧고 명확한 용어로 정리한 내용이 들어 있습니다. 책에 서술된 용어나 문장을 그대로 암기하지 말고, 글을 읽고 자신이 이해하기 쉬운 용어로 바꾸어 정리하거나 내용과 관련된 상황을 생각해 보면 이해하기 쉬워요. 그러면 암기하고 싶은 지식이 어느 순간 내 머릿속에 쏙 들어와 있습니다.

이 책은 사회를 공부하면서 겪게 되는 여러분들의 고민을 덜기 위해 어려운 용어를 쉬운 문장으로 풀어 설명했고, 딱딱한 문장을 이해하기 쉬운 단어로 정리했습니다. 책을 읽으면서 용어나 문장을 쉽게 이해할 수 있는 기술을 익혀서 사회 공부를 재밌게 했으면 좋겠습니다.

사회가 너무 어려워요

사회가 어렵나요? 여러분이 사회를 어떻게 공부하고 있는지 아래 체크리스트에 표시해 보세요.

질문	예	아니오
교과서를 반복해서 읽으며 내용을 외우려고 한다.		
교과서의 글자 하나도 놓치지 않으려고 꼼꼼하게 읽는다.		
밑줄을 그어 가면서 교과서나 참고서를 읽고, 외운다.		
교과서를 그대로 노트에 옮겨 적으면서 내용을 외운다.		
교과서에 있는 문장을 똑같이 외우려고 노력한다.		

체크 리스트 결과 '예'가 한 개 이상 나왔다면 사회를 어렵게 공부하고 있는 겁니다. 어렵게 공부하니 사회 과목이 어려운 건 당연하죠. 책이나 참고서를 어떻게 똑같이 외울 수 있죠? 작가나 집필자는 자신들 스스로가 이해하기 쉬운 단어나 용어를 사용하여 문장을 서술합니다. 즉, 집필자에 따라 단어의 선택이 달라질 수 있어요. 그러니 책에 있는 문장을 그대로 외운다는 것은 집필자가 쓴 글자 하나하나를 마음속에 소중히 담고 싶다는 존경의 표현이 되겠죠. 여러분이 사회책을 쓴 저자를 존경하는 마음으로 공부한다면 그들이 쓴 문장 외우기를 말리지 않을게요.

비법 3

나만의 용어로 개념을 정리해 봐!

사회 교과서에 자주 등장하는 '강수량'을 어떻게 설명하면 될까요? 국어사전에는 강수량을 '비, 눈, 우박, 안개 따위로 일정 기간 동안 일정한 곳에 내린 물의 총량'으로 설명했어요. 강수량의 뜻을 최대한 정확하게 공식적으로 정리했지만, 딱딱하고 어렵죠? 일기예보에서 내일 강수량이 ○○○mm라고 했다면, 국어사전의 뜻을 정확히 암기하지 않거나 강수량이 뜻을 '비나 눈의 양'으로만 알고 있어도 일기예보를 이해할 수 있습니다. 강수량의 뜻을 읽고, 자신이 쉽게 이해할 수 있도록 개념을 다시 정리하는 것이 사회 공부의 기술이자 묘미라고 할 수 있어요. 글이나 문장을 이해했다면 마지막으로 그것을 정확하고 간결한 용어로 바꾸어서 머릿속에 정리하면 되겠죠. 사회를 쉽게 공부하기 위해서는 문장을 그대로 외우지 말고, 문장의 의미를 여러분이 이해할 수 있는 말로 정리하면서 공부하는 것이 가장 좋습니다.

이 책에서는 각 장의 마지막 <Mind Map>에 여러분이 읽은 내용을 간결하게 정리했습니다. 혹시 공부를 창의적으로 하고 싶거나, 책을 새로운 방법으로 읽고 싶다면 읽기 순서를 바꾸는 것도 좋습니다. 먼저 '마인드맵'을 충분히 읽고, 이번 장의 핵심 내용을 머릿속에 그려 봅니다. 그리고 '썰강'으로 핵심 내용과 관련된 '썰'을 읽으면서 워밍업한 뒤, 본문을 읽어 보는 거예요. 순서를 바꿔서 공부하는 것, 이 책을 통해 사회를 쉽고 재밌게 공부할 수 있는 또 하나의 방법입니다.

1부 지형과 생활

1장 우리나라의 지형

01 우리나라는 어떤 지형일까?

02 서해안과 동해안은 어떤 차이점이 있을까?

2장 지형의 형성 원인과 종류

03 내적 요인이 만든 지형은?

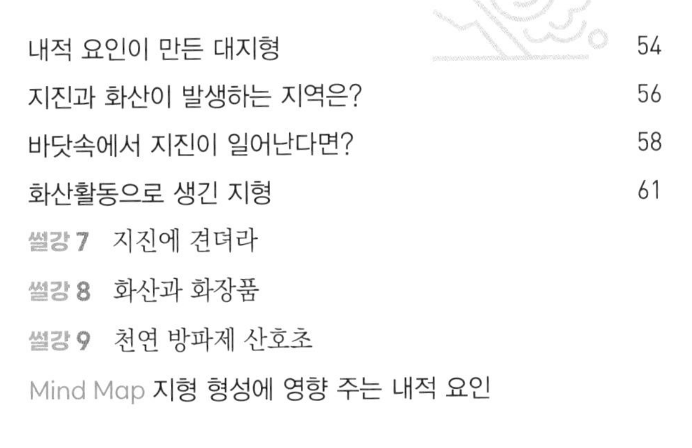

2부

기후와 인간 생활

4장 기후와 환경

09 온대기후란 무엇일까?

10 냉대·한대 기후란 무엇일까?

1부

지형과 생활

땅은 인간이 살아가는 공간입니다. 인간은 농사를 짓거나 나무 열매를 수확하는 등 생존에 필요한 식량을 모두 땅에서 얻습니다. 만약 자연환경이 물과 하늘로만 이루어졌다면 인간이 생존하기 어렵겠죠? 땅은 인간이 사는 가장 기본적인 공간입니다. 이 책의 첫 장에서는 인간이 사는 공간인 땅과 바닷가를 둘러보고, 지형에 대한 다양한 이야기들을 만나 보겠습니다.

1장

우리나라의 지형

01

우리나라는 어떤 지형일까?

- 우리나라 지형의 특징을 설명할 수 있다.
- 우리나라 지형 형성의 원인을 말할 수 있다.

지형이란 무엇일까?

우리는 산을 그릴 때 작은 삼각형이나 'ㅅ'자를 여러 개 연결해 빠르고 간단하게 그립니다. 어떻게 그려도 모두 꼭대기를 뾰족하게 표현하게 됩니다. 이는 산 정상으로 갈수록 면적이 좁아지는 특징을 표현한 것입니다. 새해 첫날, 일출을 보기 위해 많은 사람들이 경사진 산에 오릅니다. 산 정상은 일출을 보기 위해 서 있는 사람들로 북적거립니다. 산 입구보다 산꼭대기에 더 많은 사람들이 모여 있는 것 같지만, 사실은 평지보다 면적이 좁아서 그렇게 보이는 것입니다. 바위 이곳저곳에서 방송사 헬기를 향해 손을 흔들며 촘촘하게 서 있는 사람들의 모습도 산 정상의 면적이 평지보다 좁다는 것을 보여 줍니다. 이처럼 산은 평지에 비해 경사가 크고, 산꼭대기로 올라갈수록 면적이 좁아집니다. 이러한 땅의 모양이나 형세를 지리학에서는 지형(地形)이라고 합니다.

지형은 경사에 따라서 '평야'와 '산지'로 구분합니다. 경사가 거의 없는 넓고 평평한 땅을 평야(平野) 혹은 '들'이라고 합니다. 평야에는 우리나라의 최대 곡창지대인 호남평야나 몽골 초원 등이 있습니다. 평야는 산지에 비해 교통이 편리하고, 농사에도 유리해 많은 사람들이 거주했던 장소입니다. 그러나 우리나라 지형의 약 70%는 산지입니다. 그래서 사람들은 산으로 둘러싸인 평야 지역에 모여 마을을 이루며 살 수 밖에 없었습니다. 현재 우리나라 대부분의 대도시들도 평야에 위치하며, 그래서 우리나라의 인구밀도는 산지보다 평야에서 더 높습니다.

인간의 거주에 중요한 농경지는 크게 '논'과 '밭'으로 구분합니다. 논에서는 벼를 심고, 밭에서는 벼를 제외한 고추, 마늘, 딸기 등 기타 농작물을 재배할 수 있습니다. 논과 밭은 농사짓는 방법에 따라 구분됩니다. 땅에 물을 가두어서 농사를 지으면 논이고, 배수가 잘 되도록 만들면 밭으로 이용됩니다. 그래서 논을 밭으로 만들 수도 있고, 밭을 논으로 만들 수도 있습니다. 평야에 비해 규모가 작지만 산지에도 논과 밭이 있습니다.

이처럼 지형은 땅의 모양과 형세에 따라 크게 '산지'와 '평야'로 나뉘고, 농경지는 '논'이나 '밭'으로 이용된다고 기억하면 좋겠습니다.

지형과 인구밀도

지형과 인구밀도* 사이에는 어떤 관계가 있을까요? 다음 면의 그림 1은 우리나라의 지형도*입니다. 지형도에서 산지와 평야가 어떻게 분포하고 있는지 살펴보세요. 색깔이 진할수록 해발고도*가 높은 곳으로, 산지는 우

인구밀도
일정한 면적에 포함된 인구수로 지역 내에 거주하는 인구의 과밀한 정도를 나타낸다.

지형도
땅의 생김새나 가옥, 도로, 하천 등 땅 위에 있는 것들을 나타낸 지도. 일반도라고도 한다.

해발 고도
바닷물의 표면을 기준으로 측정한 높이이다.

1. 우리나라 지형도

리나라의 동쪽과 북쪽에 주로 분포합니다. 반대로 해발고도가 100m 이하인 우리나라의 서쪽과 남쪽에는 평야가 넓게 분포합니다. 산업화 이전에 사람들은 주로 농사를 지었습니다. 산지와 평야 중 농사짓기에 유리한 지형은 평야이므로 사람들은 서쪽이나 남쪽 평야지대에 많이 거주했을 거라고 추측할 수 있습니다.

우리나라를 산지가 많은 지역과 평야가 많은 지역으로 구분하기 위해 의주에서 영일만까지를 지도에 선을 긋고 인구밀도를 관찰하면 어떤 결과가 나타날까요? 산지가 많은 북부와 동부 지역에 비해 평야가 많은 남부와 서부에 인구가 많을 것이므로 인구밀도는 선의 아래쪽이 높고, 위쪽이 낮습니다. 따라서 우리나라의 인구 분포에 영향을 준 요인은 '지형'입니다. 여러분이 꼭 기억해야 할 것은 우리나라의 산업화 이전, 즉 농업에 종사했던 사람들이 많았던 시기에는 지형이 인구 분포에 영향을 주었다는 사실입니다. 오늘날과 같은 산업화·정보화 시대에는 일자리, 교육, 교통 등의 요인으로 인구 분포가 이전과는 다르겠죠?

우리나라 지형의 특징

앞에서 산업화 이전의 인구 분포는 주로 지형에 영향을 받는다는 것을 알게 되었습니다. 산지보다 평야가 농사에 유리하기 때문인데요. 이번에는 중부지방의 단면도를 통해 우리나라의 지형적 특징을 자세히 살펴보

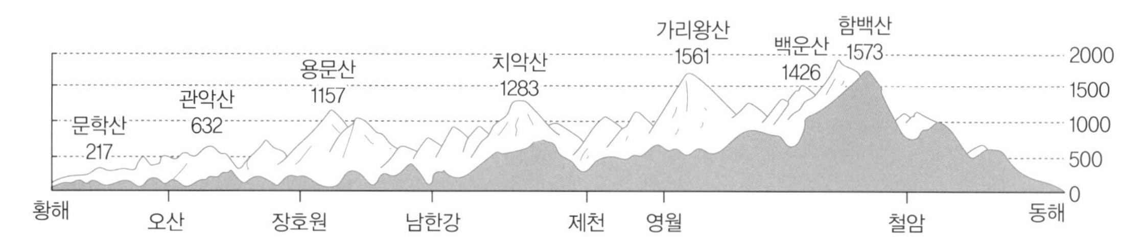

2. 중부지방 단면도

겠습니다. 그림 2는 우리나라 중부지방의 단면도입니다. 단면도의 왼쪽은 서쪽, 오른쪽은 동쪽입니다. 왼쪽 끝에 '황해', 오른쪽 끝에 '동해'가 보이죠. 우리나라의 지형은 대체로 동쪽(오른쪽)에서 서쪽(왼쪽)으로 갈수록 해발고도가 낮아지는 '동고서저(東高西低)'의 특징을 가집니다.

그런데 동고서저의 의미를 잘못 이해하는 경우가 있습니다. 우리나라의 동쪽에는 산지만 있고, 서쪽에는 평야만 있다고 생각하는 것이지요. 이런 오해를 해결하기 위해 황해와 가까운 인천 문학산에 올라갔습니다. 인천 SK 와이번스의 홈 경기장으로 유명한 인천 문학경기장을 아시나요? 그 경기장은 바로 문학산 아래에 위치합니다. 맑은 날 문학산 정상에 오르면 서쪽에 인천 앞바다와 여러 개의 섬들을 한눈에 볼 수 있고, 동쪽으로 인천 시내를 바라볼 수 있습니다. 동서남북을 시원하게 볼 수 있으니 당연히 군사적으로 매우 중요했겠죠?

그래서 문학산 정상부에 군부대가 있었습니다. 지금은 군사 시설이 다른 지역으로 이전되면서 문학산 정상이 시민들에게 개방되었습니다. 또한 문학산에는 외적의 방어를 위해 만든 문학산성 터가 있습니다. 산성을 이루는 큰 돌들이 대부분 소실되어 옛 모습을 찾기가 어렵지만, 최근 산성의 일부로 추정되는 유적지가 발굴되면서 문학산은 백제 시대부터 방어에 유리한 장소였다는 역사적 가치가 인정되었습니다. 이렇듯 우리나라의 서쪽에는 평야만 있는 것이 아닙니다. 단지 동쪽에 비해 낮은 산이 분포하기 때문에 해발고도가 낮다는 의미입니다.

그림 2에서 가장 높은 산은 어디죠? 함백산이에요. 함백산(1,573m)은 문학산(217m)보다 해발고도가 약 8배 정도 높습니다. 그런데 함백산의 위치가 어디쯤에 있는지 보세요. 단면도의 가운데에서 오른쪽으로 치우쳐 있죠? 함백산을 기준으로 서쪽은 경사가 완만한 반면, 동쪽은 경사가 급합니다. 이러한 비대칭 지형을 경동지형(傾動地形)* 이라고 합니다. 따라서 우리나라 지형의 특징을 정리하면 다음과 같습니다.

우리나라 지형의 특징

1 동고서저 **2** 경동지형

경동지형은 어떻게 만들어졌을까?

경동지형(傾動地形)
기울 경(傾), 움직일 동(動), 땅 지(地), 모양 형(形)의 한자어로, 땅의 모양이 기울어진 형태를 뜻한다.

침식
바위, 돌, 흙 등이 빗물, 바람, 하천 등에 의해 깎이는 현상이다.

융기
땅이 상승하는 현상이다.

우리나라의 지형은 신생대(약 6,600만 년 전~현재) 이전에 몇 차례의 크고 작은 지각변동과 오랜 침식*을 받아 땅이 평평해지는 평탄화가 이루어졌어요. 그런데 신생대 제3기에 요곡 운동(撓曲運動)으로 평탄면의 일부가 융기*하게 되었습니다. 요곡 운동이라는 말이 조금 생소하게 들릴 텐데요. 요(撓)는 '휘다, 구부러지다, 뒤틀리다'는 뜻으로, 지층이 휘어지는 운동을 말합니다. 그 결과 동쪽으로 치우쳐 땅이 융기하면서 태백산맥과 함경산맥을 만들었고, 이 산맥을 중심으로 서쪽은 경사가 완만하고, 동쪽은 경사가 급한 비대칭적인 경동지형이 형성되었습니다. 이렇게 우리나라의 경동지형을 만든 요인을 '경동성 요곡운동'이라고 합니다.

우리나라의 지형은 경동성 요곡운동으로 동쪽에 치우쳐 좌우가 비대칭을 이루는 '경동지형'입니다. 함경산맥과 태백산맥을 축으로 형성된 요곡운동의 결과 백두산부터 마천령산맥, 함경산맥, 낭림산맥, 태백산맥, 소백산맥의 산줄기가 연속적으로 만들어졌습니다. 이 산줄기를 백두대간°이라고 합니다. 이러한 융기량의 차이로 동쪽 지형이 서쪽보다 더 많이 상승해 동쪽에 있는 산지가 서쪽에 비해 해발고도가 높습니다. 또한 경동지형의 영향으로 동해안과 서해안의 모습도 다르게 나타납니다. 즉, 경동지형은 우리나라 해안 지형에도 영향을 주었는데요. 우리나라 해안의 모습이 어떠한지에 대해서는 뒤에서 살펴보도록 하겠습니다.

3. 우리나라의 백두대간

산과 고개

우리나라 대부분의 지역마다, 심지어 동네에도 '고개'가 있습니다. 우리나라는 지형의 70%가 산지여서 고개는 산으로 막힌 지역을 연결해 주는 중요한 교통로였습니다. 지금은 도로와 교통수단의 발달로 고개의 중요성이 사라졌지만, 도로명 주소나 지하철역, 버스 정류장 명칭으로 사용되

백두대간
백두산에서 지리산까지 이어지는 한반도의 가장 크고 긴 산줄기이다.

면서 옛 명성을 이어 가고 있습니다.

고개에는 다양한 에피소드가 있습니다. 지금부터 '탐구'와 함께 '고개' 님을 모시고 이야기를 들어 보겠습니다. 고개님, 어디 계신가요?

고개 저를 찾으시나요? 요즘 저를 찾는 사람이 없어서 외로웠던 참인데…, 반갑습니다.

탐구 반갑습니다. 고개님의 정확한 이름과 자기소개 부탁드립니다.

고개 저의 이름은 순우리말로 '재'* 라고도 부릅니다. 규모에 따라 큰 고개 이름 끝에 '령(嶺)'자를 붙이기도 하죠. 조선 시대에는 영주의 죽령, 영동의 추풍령, 문경의 문경새재 등 3대 고갯길이 있었지요. 문경새재는 영남에서 한양으로 가는 가장 빠른 길이어서 선비, 보부상들이 많이 이용했어요.

탐구 그런데 왜 사람들은 위험하고 힘든 고개를 넘어 다녔을까요? 고개를 넘는 것보다 평지가 훨씬 걷기가 편할 텐데요.

고개 우리나라에는 산이 많기 때문에, 사람들은 산과 산 사이에 위치한 평지에 마을을 이루며 살았어요. 옆 마을에 가려면 산을 지나야 하는데, 돌아서 가는 것보다 산을 가로질러 넘어가는 길이 빠르기 때문이죠.

탐구 고개가 빠른 길이었네요.

고개 고개에 얽힌 이야기 중에서 하나만 소개할게요. 한 선비가 한양에 가기 위해 산길을 지나고 있었어요. 마침 고개를 넘고 있을 때, 어두운 밤이 되었습니다. 선비는 쉴 곳을 찾기 위해 산속을 헤매다가 우연히 불 켜진 집을 발견하고는 문을 두드렸습니다. 이때 하얀 소복을 입은 여인이 나와서 떨리는 목소리로 말합니다. '어서 오세요.' 선비는 여인이 마련해 준 방

* 재
고개는 재라고도 하고, 한자어로는 령(嶺), 현(峴), 치(峙) 등으로 나타내며 대표적으로 대관령, 아현, 팔량치 등이 있다.

으로 들어가서 대접해 주는 밥을 단숨에 먹고 깊이 잠이 듭니다. 잠시 후, 여인이 슥 슥 칼을 갈기 시작합니다. 선비는 잠결에 칼 가는 소리를 듣고, 화들짝 놀라며 그곳을 빠져 나오려고 하는데….

탐구 혹시 그 여인이 사람이 아니었고, 선비의 간을 빼앗아 먹어야 인간이 되는 여우라거나, 뭐 그런 이야기인가요?

고개 네, 뭐….

탐구 우리나라는 특히 산이 많은 지형이다보니 깊은 산속 고갯길에서 누군가를 만나 벌어지는 옛날 이야기들이 많이 있지요. 이런 고개에 사람들이 쉴 수 있는 식당이나 호텔 같은 시설들이 예전에도 있었나요?

고개 여행객들이 여장을 풀 수 있는 곳이 '주막'입니다. 호텔처럼 세련되고 웅장한 건물은 아니지만, 많은 사람들이 쉬면서 고개를 넘어 다녔죠. 경상북도 예천군에 '삼강주막'은 1700년경에 지어진 오래된 주막으로 현재 우리나라의 중요 민속자료로 지정되어 있습니다.

탐구 아, 그렇군요. 그런데 언제부터 고갯길 이용이 줄어들었나요?

고개 기차, 자동차 등 교통수단이 발달하면서 고갯길을 이용하는 사람도 줄기 시작했습니다.

탐구 자동차로 고개를 넘을 방법은 없나요?

고개 사람들이 자동차로 고개를 넘을 수 있도록 산지에 '고깔'처럼 자동차 도로를 만들었어요. 차가 산허리를 빙글빙글 돌면서 올라갔다가 내려가도록 만든 길이죠.

탐구 제가 자동차로 여러 곳을 다녀 봤지만, 그런 길을 지나 본 적은 거의 없는 것 같은데요.

고개 그렇죠. 요즘은 건축 기술이 발달해서 산에 도로를 만들지 않고, 산을 뚫어서 터널을 만듭니다. 대단하죠? 그래서 더 쉽고 빠르게 산지를 통과할 수 있게 되었어요.

탐구 그래서 고개님의 인기가 예전 같지 않군요.

고개 그래도 요즘 저를 찾는 사람들이 늘어나고 있습니다. 걷기가 건강에 좋다면서 고갯길을 관광 코스로 개발했거든요.

탐구 좋은 소식이네요. 조금은 덜 외롭겠어요. 저도 꼭 걸으러 갈게요.

고개 힐링이 필요할 때 놀러오세요. 그리고 지금 여러분이 살고 있는 주변에 어떤 고개가 있었는지 알아보세요. 고개의 이름과 유래를 알면 지역에 대해 더 많이 알게 될 거예요.

봉평 메밀국수와 평양냉면

봉평 메밀국수와 평양냉면, 두 음식의 공통점은 무엇일까요? 정답은 '맛있는 음식'입니다. '어, 내가 좋아하는 것'도 정답입니다. 그리고 또 하나, 메밀과 냉면은 모두 메밀가루를 원료로 만듭니다. 그리고 지금은 모두 별미지만 옛날에는 배고픔을 달래는 귀한 음식이었습니다.

봉평은 강원도에 있는 마을 이름입니다. 봉평은 해발고도가 높은 곳에 위치해 여름에도 기온이 서늘해서 메밀 재배에 적합한 곳입니다. 봉평에서 태어난 메밀은 메밀가루를 거쳐 봉평의 자랑인 메밀국수로 화려하게 데뷔했는데요. 메밀가루에는 치명적인 단점이 하나 있습니다. 반죽이 잘되지 않는다는 점이죠. 밀가루는 물을 붓고 손으로 누르다 보면 쫀득한 반죽이 되는데, 메밀은 물을 붓고 손으로 누르고, 때리고, 돌려도 반죽이 되지 않습니다. 메밀을 반죽하려면 어떻게 해야 할까요?

메밀가루에 밀가루를 섞으면 됩니다. 밀에는 글루텐 성분이 있어서 메밀과 함께 섞으면 탄력 있는 면을 만들 수 있거든요. 그런데 아쉽게도 봉평에서는 밀이 귀했습니다. 그래서 밀가루 대신 전분을 섞어서 메밀국수를 뽑아냈다고 합니다. 참고로 조선 시대 문헌에 면을 뽑는 방법이 소개되어 있는데요. 바가지에 촘촘하게 구멍을 뚫고 반죽을 바가지에 넣고 꾹 눌러 구멍에서 나오는 면으로 국수를 만들었다고 합니다. 메밀국수를 뽑았으니 이제 입맛에 맞게 요리해서 맛있게 먹는 일만 남았네요.

평양냉면은 한국과 북한의 관계가 좋아지면서 더 유명해진 음식입니다. 옥류관이라는 북한 식당 이름은 평양냉면의 성지가 되었죠. 옛날부터 평양 사람들은 냉면을 즐겨 먹었다고 합니다. 놀라운 건 평양에서는 냉면을 겨울에 즐겨 먹었다는 사실이에요. 평양이 서울보다 위도가 높아서 겨울이 더 추울 텐데 한겨울에 냉면을 먹었다니 놀랍죠? 평양냉면은 메밀국수와 같이 메밀에 전분을 섞어 만든 면을 고기 국물과 동치미를 혼합해서 만든 육수에 말아서 먹는 음식입니다. 평양이 속한 평안남도에서는 메밀을 많이 재배하여 겨울에 냉면을 자주 만들어 먹었다고 합니다. 그래서 집집마다 냉면을 만드는 제면기가 하나씩 있었다고 해요. 평양 주민들에게 냉면은 별미가 아니라 주식이었던 것이죠.

서울 아현과 애오개

아현(阿峴)은 서울 지하철 2호선 역 이름으로 잘 알려진 지명입니다. 언덕 아(阿), 고개 현(峴)으로, 작은 고개라는 뜻이죠. 그런데 현재 서울 아현동은 고개가 있던 자리는 아닙니다. 아현동 주변에 '애오개'라는 역이 있는데, 애오개역이 위치한 곳이 바로 고개였어요. 애오개 고개는 아현의 옛 이름입니다. 정리하자면 지금 애오개역이 있는 자리가 '아현'이라는 고개라고 생각하면 됩니다.

애오개라는 이름은 고개가 아이처럼 작다는 의미에서 아이 고개, 애고개라고 불리다가 애오개가 되었다는 설이 있습니다. 어떤 이는 도성(4대문 안)에서 아이가 죽으면 이곳에 묻어 아이들 무덤이 많아 애오개로 불리게 되었다고도 합니다.

도성에서 마포나 강화로 가기 위해서는 애오개 고개나 만리재를 넘어야 했습니다. 도성의 서북쪽에 있는 애오개는 작은 고개였지만, 만리재는 높고 길어서 불편했다고 해요. 그래서 조선시대에 애오개는 한양으로 들어가는 중요한 고갯길이었습니다.

10년 전이었습니다. 지금은 없어진, 공덕역 근처 고깃집에서 친구와 함께 숯불 갈비를 먹고 있었습니다. 그때 식당 한쪽에서 파를 다듬던 주인 부부의 대화 소리가 들렸습니다.

주인(남) 당신, 애오개가 왜 애오개인 줄 알아?

주인(여) 무슨 소리예요? 애오개가 애오개지. 역 이름이잖아요.

주인(남) 그러니까 이 지역을 왜 애오개라고 부르는 줄 아느냐고?

주인(여) 몰라요.

주인(남) 애오개 주변에다가 애기들을 많이 묻어서 그렇게 된 거래. 애기들 무덤이 그렇게 많았다네!

주인(여) 아니에요… 6.25 때 피난민들이 고개를 넘다가 힘들어서 애기들을 많이 버려서 아기 울음소리가 그칠 날이 없었대요. 그래서 애오개라고요.

애오개라는 지명이 어떻게 생겼는지 여러 가지 설이 분분하지만 가장 중요한 건 애오개는 아현 고개의 옛 이름이라는 사실입니다.

CNN이 선정한 한국의 명소, 다랭이 마을

오래전부터 육지 사람들이 주로 농사를 지으며 살았던 것처럼, 바닷가 사람들은 고기잡이를 하거나 갯벌에서 조개, 낙지 등을 잡아서 생활했습니다. 이러한 생활 모습이 오랫동안 이어져 내려오면서 그 지역 사람들의 생활 방식으로 정착되었

습니다. 따라서 어촌에서는 고기잡이로 살아가는 사람들의 모습이 전혀 어색하지 않고 자연스럽습니다. 주민들의 생활 모습 자체가 문화가 되었기 때문입니다.

그렇다고 해서 바닷가 사람들이 전혀 농사를 짓지 않은 것은 아닙니다. 바다에서 얻을 수 없는 농산물을 생산하기 위해서 작은 땅이라도 활용하여 농사를 지었습니다. 필요에 따라 벼농사를 짓기도 하고, 밭농사를 짓기도 했습니다. 평평한 땅이 없는 지역에서는 경사진 산을 계단식으로 개간하는 지혜와 기술을 발휘해 농경지를 만들었습니다.

CNN에서 발표한, 한국에서 꼭 가봐야 할 장소인 경남 남해의 다랭이 마을은 바다가 보이는 경사진 땅에 마을 사람들이 벼농사를 짓기 위해 만든 '다랭이 논'으로 유명한 곳입니다. 지금은 이곳이 볼거리가 많은 관광 명소가 되었지만, 이 지역 사람들에게는 산을 논으로 바꿔야 하는 극복의 장소였습니다. 약 45°로 경사진 땅에서 나무와 돌을 모두 골라내고, 땅을 고르고 평평하게 다진 후에 물을 공급하고 저장할 시설까지 만들어야 했으니 엄청난 시간과 노력이 필요했겠죠.

비탈진 산을 개간하여 밭도 아닌 논으로 만들겠다는 건 지형의 제약을 극복하겠다는 인간의 의지로 밖에 설명할 수 없습니다. 넓은 남해가 보이는 육지 끝에서 바다 쪽으로 경사진 땅에 수확을 기다리는 가을철 남해의 황금빛 들녘은 다랭이 마을 사람들의 땀과 노력 그리고 인내가 만들어 낸 위대한 작품이 아닐까요?

Mind Map 핵심 개념 정리하기

우리나라 지형의 특징

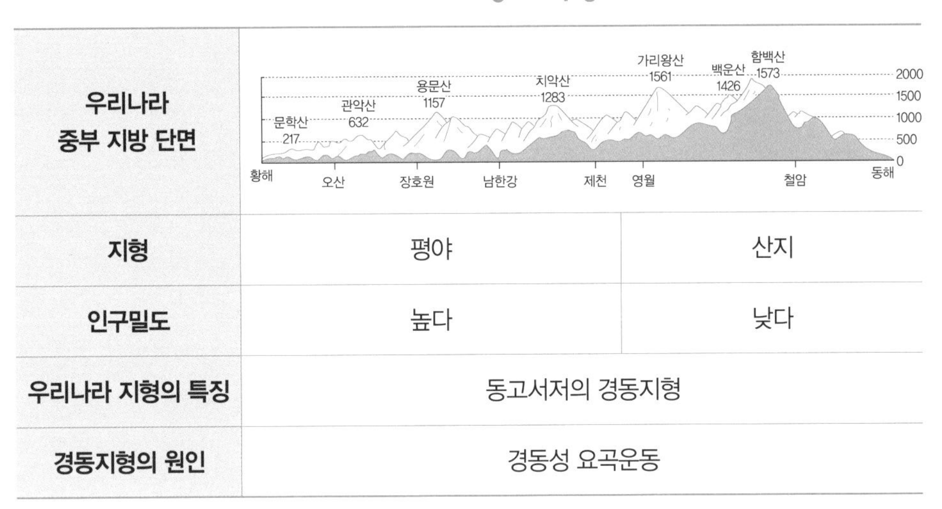

우리나라 중부 지방 단면		
지형	평야	산지
인구밀도	높다	낮다
우리나라 지형의 특징	동고서저의 경동지형	
경동지형의 원인	경동성 요곡운동	

02

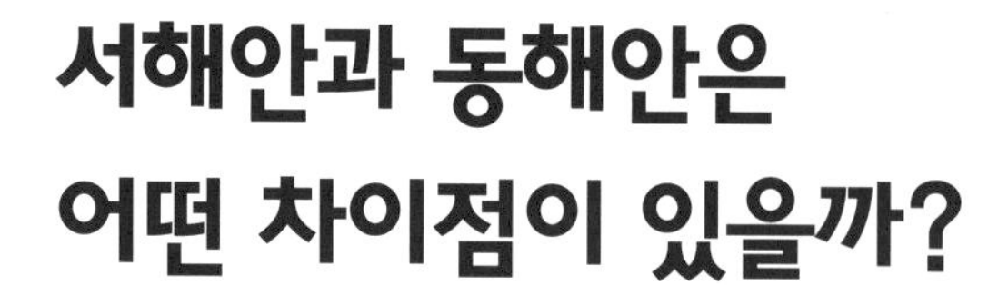

서해안과 동해안은 어떤 차이점이 있을까?

- 우리나라의 서해안과 동해안의 차이점을 설명할 수 있다.
- 석호, 해안단구, 갯벌의 형성 원인을 설명할 수 있다.

동해안과 서해안의 해안선

육지와 바다가 맞닿은 부분을 해안이라 하고, 해안을 따라 길게 뻗은 선을 해안선이라고 합니다. 우리가 지도를 그릴 때 긋는 선이 해안선이에요. 서해안과 동해안의 해안선은 어떤 차이점이 있을까요?

그림 1에서 서해안에 인접한 김포시와 강화도, 영종도 등 많은 섬들을 볼 수 있습니다. 그림 2에서는 동해안에 가까운 강원도 강릉시 경포호 주변 모습을 볼 수 있습니다. 두 지역의 해안선을 각각 살펴보면, 서해안

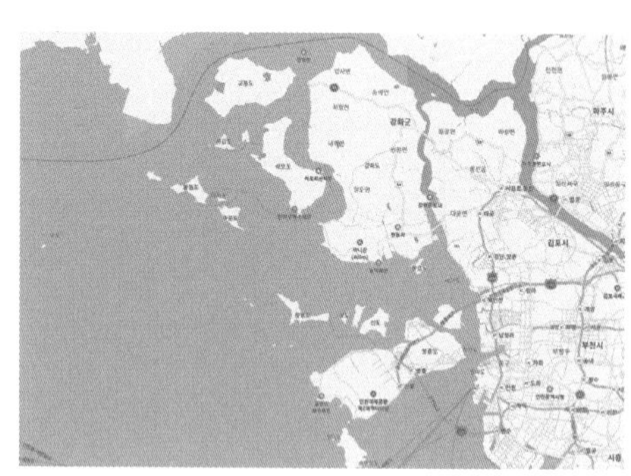

1. 경기도 김포시와 강화도 주변 섬

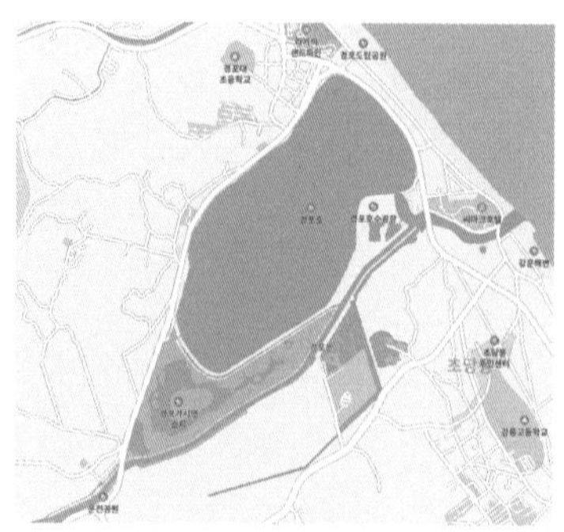

2. 강원도 강릉시 경포대 해안

서해안과 동해안의 특징

	서해안	동해안
섬	많다	적다
해안선	복잡하다	단조롭다

해안선은 구불구불하고 불규칙한데, 동해안 해안선은 거의 직선처럼 쭉 이어졌습니다. 또한 서해안이 동해안에 비해 크고 작은 섬이 더 많습니다.

서해안과 동해안의 해안선과 섬의 분포가 다른 이유는 무엇일까요? '탐구'가 바다에서 우리나라 해안 변화를 모두 지켜보았다고 주장하는 한 분을 모셔 인터뷰를 했습니다.

파랑 안녕하세요. 제 이름은 파도입니다. 교과서나 학술지에서는 '파랑'이라고 부르기도 하죠.

탐구 이름이 두 개이군요.

파랑 파도나 파랑이나 모두 '물결'이라는 뜻입니다. 제 이름이 두 개이지만, 교과서에 표기된 '파랑'이라고 불러 주세요.

탐구 네. 파랑님. 우리나라 서해안과 동해안의 형성 과정을 오랫동안 지켜보셨다고요. 왜 서해안에는 많은 섬과 복잡한 해안선이 형성된 것인가요?

파랑 먼저, 섬이 형성된 배경을 함께 생각해 볼까요? 바다에서 섬을 보고 있으면 마치 바다에 솟아오른 '산'처럼 느껴질 때가 있을 거예요.

탐구 맞아요. 마치 들 가운데 우뚝 솟은 산과 비슷해요.

파랑 바로 그겁니다. 섬은 바다에 둘러싸여 있어요. 육지와 떨어져 있다는 뜻이죠. 서해에서 수심이 가장 깊은 곳이 약 80m 정도입니다. 지구의 기온이 크게 떨어져 추위가 극심했던 빙하기°에는 지금보다 해수면°이 낮았습니다. 그래서 지금의 서해에는 바닷물이 없었어요. 그냥 '서쪽 땅'이었죠. 지질 전문가들은 빙하기 때는 사람들이 걸어서 자유롭게 서쪽으로 이동했을 거라고 추측합니다. 그러니까 우리가 서해 바다에서 보는 섬들이 빙하기에는 산이었답니다.

탐구 그런데 지금 서쪽은 땅이 아니라 바다잖아요.

파랑 조금만 더 들어 보세요. 그러다 후빙기°가 시작되면서 지구의 기온 상승으로 빙하가 녹으면서 바닷물의 수위도 올라갔습니다. 그렇게 바닷물이 현재의 높이까지 차오르면서 빙하기 때의 '서쪽 땅'은 '서해'가 되었고, 바닷물에 잠기지 않은 산의 일부는 '섬'이 되었습니다.

탐구 간단히 말해서 빙하가 녹으면서 낮은 땅은 바닷물에 잠겼지만, 높아서 잠기지 않은 산은 바닷물에 둘러싸인 섬이 되었다는 것이죠?

파랑 맞아요. 또한 앞에서 배웠던 경동성 요곡운동도 우리나라 해안 형성에 영향을 주었습니다.

탐구 동고서저의 경동지형뿐 아니라 바다에까지요?

파랑 경동성 요곡운동의 결과 서쪽은 상대적으로 낮고 동쪽은 높기 때문에 해수면이 상승하면 서해안은 물에 잠기는 곳이 많지만, 동해안은 물에 침수되는 부분이 적습니다.

탐구 결국 경동성 요곡운동이 우리나라의 동쪽과 서쪽 지형을 비대칭으로 만들어 서해안의 해안선을 복잡하게 만들었군요.

파랑 경동성 요곡운동으로 지반이 낮은 서해안은 육지가 물에 잠기면서 해안선이 복잡하고, 동해안은 지형의 융기로 해안선이 단조롭습니다. 서해안

빙하기
지구의 기온이 오랫동안 내려가 빙하가 넓게 분포하던 시기이다.

해수면
바닷물의 표면으로, 해발고도의 기준이 된다.

후빙기
마지막 빙하기 이후부터 현재까지의 기간을 이른다.

처럼 지형의 일부가 물에 잠겨 섬이 많고 복잡한 해안을 리아스식 해안[*] 이라고 합니다.

탐구 파랑님 덕분에 이해가 쉽게 되었어요. 그런데 남해안은 어떤 특징이 있나요?

파랑 남해안도 서해안처럼 해안선이 복잡하고, 섬이 많은 리아스식 해안입니다. 둘이 쌍둥이 같아요.

탐구 덕분에 많은 것을 알게 되었습니다. 감사합니다. 파랑님.

모래 알갱이가 더 작은 서해안

해수욕장에서 모래를 맨발로 밟아 본 적 있나요? 느낌이 어떠했나요? '아파요', '부드러워요', '따가워요' 등의 이야기들을 하는데, 같은 모래인데 왜 이렇게 반응이 다양한 걸까요? 바로 우리나라 지형을 동쪽으로 치우치게 만든 경동성 요곡운동 때문입니다. 경동성 요곡운동은 동해안과 서해안의 모래 알갱이 크기에까지 영향을 주었습니다. 우리나라 해변 모래에는 어떤 비밀이 있는지 이제부터 알아볼까요?

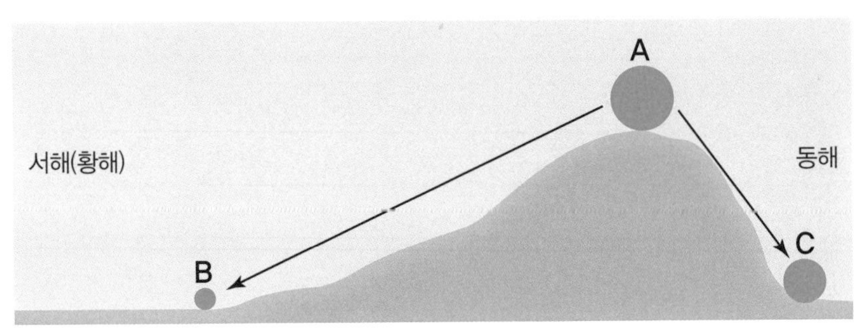

3. 서해안과 동해안 모래 입자의 크기

▶ 리아스식 해안
해수면 상승이나 지반의 침강으로 지형의 일부가 물에 잠기면서 형성된 해안을 말한다.

그림 3은 A에서 B(서해)와 C(동해)까지의 거리에 따라 달라지는 모래 입자의 크기를 나타낸 것입니다. A에 위치한 모래 알갱이는 하천을 따라 아래쪽으로 운반되는데 서쪽으로는 A에서 B까지, 동쪽으로는 A에서 C까지 이동하게 됩니다. 모래 알갱이는 운반 과정에서 침식이 일어납니다. 그래서 하천의 길이가 길수록 알갱이의 크기는 작아집니다. 거리를 비교해 보면 A에서 B(서해)까지의 거리가 A에서 C(동해)까지의 거리보다 길기 때문에 서해로 유입되는 모래 입자가 동해로 들어가는 입자보다 더 작습니다. 따라서 모래를 밟아 보면 대체로 서해안의 모래가 동해안의 모래보다 부드럽습니다.

하천을 통해 유입된 모래들이 해안에 쌓이면 사람들이 쉴 수 있는 모래 해변이 만들어집니다. 이러한 해안 지형을 '사빈'이라고 합니다. 차를 타고 동해의 해안 도로를 달리면 차창 밖으로 끝없이 이어진 사빈을 볼 수 있습니다. 한적한 곳에 파라솔 하나만 꼽으면 나만의 해수욕을 즐기기에 충분하죠. 그런데 서해안에는 사빈이 길게 분포하는 지역이 그리 많지 않습니다. 대신 동해안에서 볼 수 없는 갯벌이 넓게 분포하죠.

육지에 있는 흙과 모래는 하천과 함께 바다로 향하는 긴 여행을 합니다. 물속에서 이곳저곳을 부딪히면서 처음보다 몸이 작아집니다. 긴 여행 끝에 바다에 도착해 몸이 작아진 흙과 모래는 서해로 들어가면서 긴 여행에 지친 몸을 누일 장소를 찾습니다. 휴식 장소로는 물결이 잔잔한 곳이 좋겠네요.

그런데 서해에서 이상한 일이 벌어집니다. 흙과 모래가 밀물 때 육지에 가까이 갔다가 썰물 때 먼 바다로 이동하기를 반복하는 것입니다. 밀물과 썰물이 흙과 모래를 가만히 둘 리 없으니까요. 밀물과 썰물의 침식 작용으로 더 작아진 모래는 잔잔한 바다에 쌓여 사빈을 만들고, 점토*와 실트* 같은 더욱더 작아진 입자들은 수심이 얕은 곳에 쌓여 갯벌*을 형성합니다. 그래서 서해안에서는 사빈과 갯벌을 한꺼번에 볼 수 있습니다.

반면, 동해에 들어온 모래 입자는 서해 사빈의 모래 입자보다 큽니다. 하천을 따라 내려오는 침식 거리가 짧고, 밀물과 썰물의 차도 작기 때문이에요. 동해는 서해보다 수심이 깊습니다. 그럼 동해안으로 유입된 모래들은 깊은 바닷속으로 사라지는 걸까요? 우리가 동해안에서 볼 수 있는 긴 사빈은 어떻게 만들어지는 걸까요? 하천에 의해 동해에 들어간 모래를 직접 옮긴 적이 있다고 주장하는 한 분을 만나 인터뷰해 보겠습니다.

파랑 안녕하세요. 파랑입니다.

탐구 와! 또 뵙네요. 동해로 들어오는 모래를 직접 옮긴 분이 바로 파랑님이군요.

파랑 제 취미가 무엇인지 아세요?

탐구 몸을 흔들어서 배에 탄 사람들에게 겁을 주거나 윈드서핑하는 사람들을 넘어뜨리는 게 아닌가요?

파랑 그것도 맞지만, 저는 모래를 가지고 노는 걸 좋아합니다.

탐구 혹시 동해안의 긴 사빈 해변을 만드셨나요?

파랑 맞아요. 제가 바로 동해안의 긴 사빈을 만들었습니다. 제가 없었다면 동해에 들어온 모래들은 모두 깊은 바닷속으로 가라앉았을 겁니다. 그것들을 내가 '쏴아' 하는 소리와 함께 육지 쪽으로 계속 밀어 올렸기 때문에 지금의 사빈 해변이 만들어진 거예요.

탐구 그렇군요. 파랑님, 궁금한 게 있어요. 서해안의 사빈보다 동해안의 사빈

점토
크기가 1/256mm보다 작은 암석의 부스러기나 광물 알갱이를 말한다.

실트
입자가 작은 흙이다.

갯벌
밀물 때 바닷물 속에 잠겼다가 썰물 때 드러나는 평평한 땅이다. 간석지라고도 한다.

모래를 밟으면 더 아픈 것 같은데, 이유가 무엇인가요? 저의 개인적인 느낌일 뿐인가요?

파랑 느낌일 뿐이 아니라 사실입니다. 사빈 모래라고 다 똑같은 건 아니거든요. 동해안의 모래를 밟으면 더 아픈 것은 입자 크기가 서해안보다 더 크기 때문입니다. 동해로 흐르는 하천의 길이가 서해로 흐르는 하천보다 짧고, 동해의 조석 간만*의 차가 서해보다 작아서 동쪽으로 이동하는 퇴적물의 침식이 상대적으로 덜 활발하기 때문이에요. 그래서 동해안의 모래를 밟으면 서해안보다 더 깔끄러운 겁니다.

탐구 이제 알겠어요. 경동성 요곡운동의 결과 우리나라의 지형이 동쪽에 치우쳐 있어서 동쪽으로 흐르는 하천의 입자들은 상대적으로 덜 침식되고, 서해로 흐르는 하천의 입자들은 침식이 활발해져 입자의 크기가 작은 거예요. 또한 밀물과 썰물의 영향으로 동해보다 서해로 들어온 입자가 더 많이 침식되었기 때문이고요. 맞죠?

파랑 정확해요. 또 궁금한 게 있으면 언제든지 찾아오세요.

석호, 해안단구, 갯벌은 어디에 있을까?

그림 2에 있는 동해안의 강릉 경포호는 도로를 사이에 두고 바다와 인접해 있습니다. 동해안에는 경포호처럼 이렇게 바다에 인접한 호수가 많은데요. 이러한 지형을 '석호'라고 합니다. 석호는 육지로 움푹 들어간 만의 입구에 모래가 차츰 쌓여 막히면서 형성된 호수예요.* 즉, 모래가 바다와 호수를 분리한 것이죠. 서해안에도 석호가 형성되어 있지만 대부분 농경

조석 간만
밀물과 썰물을 말한다.

경호포
경포호로 유입되는 하천이 흙과 모래를 경포호에 내려놓으면서 경포호의 크기가 점점 줄어들고 있다.

지와 염전으로 개발되었습니다.

동해안에서는 석호뿐 아니라 정동진 해안을 비롯하여 여러 곳에서 해안단구를 볼 수 있습니다. 해안단구는 해수면보다 높은 위치에 있는 거대하고 평평한 계단 모양의 지형으로, '층계 단(段)', '언덕 구(丘)'의 한자를 사용한 이름 입니다. 바다 쪽으로 드러난 해안 절벽이 장관이지요. 해안단구는 바닷속에 있던 평평한 침식 면이 융기하여 해수면 위로 올라온 지형이에요. 서해안에서는 쉽게 볼 수 없는 독특한 모양입니다. 경동성 요곡운동의 결과로 만들어진 동해안만의 자랑인 셈이죠.

이번엔 서해안으로 가볼까요? 낙지가 살고 있는 곳으로 가봅시다. 낙지는 서해 바다에 살지만, 정확하게 말하면 바다와 육지가 만나는 곳에 서식합니다. 바로 갯벌이에요. 갯벌은 질퍽질퍽한 고운 흙으로 이루어진 땅입니다. 바닷물이 수시로 드나드는 곳이어서 사람이 집을 짓고 살기가 어려워요. 그래서 간석지(갯벌)*를 흙으로 덮어 간척지*를 만들어 농경지, 산업단지, 주택 용지로 사용하고 있습니다.

파랑과 인터뷰를 했던 탐구가 이번에는 갯벌 체험에 필요한 도구를 준비하고 있습니다. 탐구에게 갯벌에서 하고 싶은 것은 무엇인지 물어보았어요.

"갯벌에 있는 조개를 모조리 잡아 올 겁니다. 기대하세요."

탐구의 의욕이 대단합니다. 조개 채취를 위해 각종 도구를 준비하는 탐구. 그런데 가장 중요한 걸 빠뜨렸습니다. 바로 '갯벌의 위치' 확인이에요. 탐구는 갯벌 체험 장소를 어디로 정한 걸까요? 탐구에게 갯벌 체험 장소를 물었더니, 탐구의 대답은…

간석지
밀물 때는 물에 잠기고 썰물 때는 물 밖으로 드러나는 갯벌이다.

간척지
바다, 갯벌, 호수 등을 육지로 개발한 땅이다.

"바닷가로 가야죠!"

탐구가 대답한 바닷가는 어디죠? 동해? 서해? 남해? 갯벌은 남해안과 서해안에 있지만, 동해안에는 없습니다. 갯벌은 밀물과 썰물의 차가 크고, 수심이 얕은 곳에서 형성됩니다. 밀물과 썰물을 조석 간만이라고 하는데, 밀물과 썰물의 높이차인 조석 간만의 차가 커야 갯벌 형성에 유리해요. 또한 수심이 얕아야 작은 퇴적물들이 쌓인 간석지(갯벌)가 썰물 때 바다 위로 드러나기가 좋겠죠? 반면 동해는 수심이 깊어요. 가장 깊은 곳이 3,000m 이상입니다. 그리고 밀물과 썰물의 차가 작아서 갯벌이 형성되기에 불리합니다.

앞에서 탐구는 조개를 잡으러 바다에 간다고 했습니다. 이제 탐구에게 어느 바다로 가야 하는지 말해 줄 수 있겠죠? 다음은 탐구에게 알려주고 싶은 갯벌 체험 팁입니다. 괄호 안에 들어갈 내용으로 적절한 것은 무엇인가요?

탐구야, 갯벌 체험을 하려면 ( ) 바다는 안 돼!

1 서해 2 남해 3 동해

정답은 무엇일까요?

동해 바다는 갯벌이 형성되지 않죠? 따라서 3번 동해입니다.

탐구는 조개를 잡으러 서해안으로 가려고 합니다. 서해안에서는 어디에서나 갯벌을 볼 수 있을까요? 서해안에서도 정확히 어디를 가야 갯벌을 만날 수 있을까요?

서해안의 비밀 장소

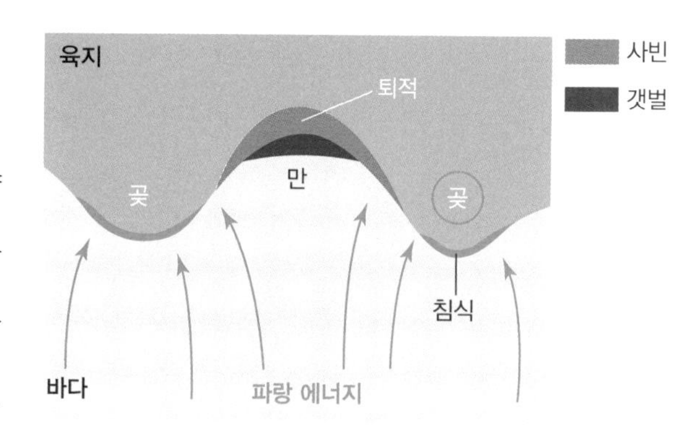

4. 곶과 만

갯벌은 조석 간만의 차가 크고, 수심이 얕은 서해안과 남해안에 형성됩니다. 그러나 서해안과 남해안의 모든 해안가에서 갯벌을 볼 수 있는 건 아닙니다. 갯벌은 점토와 실트 같은 작은 입자들이 퇴적되는, 물결이 잔잔한 곳에서만 볼 수 있어요. 서·남해안에서 갯벌이 있는 장소를 본격적으로 찾아 나서 볼까요?

해안선이 육지 쪽으로 들어간 부분을 '만', 바다 쪽으로 튀어나온 부분을 '곶'이라고 합니다. 일출 명소로 알려진 포항의 '호미곶'은 우리나라의 영토를 호랑이에 비유했을 때 꼬리에 위치하고 있어서 '범 호(虎)', '꼬리 미(尾)'를 사용한 이름 '호미(虎尾)'에 '곶(串)'을 합쳐 부른 지명입니다.

한편, 파랑은 에너지를 가지고 있습니다. 파랑이 바위나 해안 절벽에 부딪히면 지형의 일부가 침식되면서 작은 입자들이 바닷속으로 흩어집니다. 파랑의 힘이 클수록 침식은 더 크고 강력해지는데, 파랑이 육지 쪽으로 다가올 때 곶과 만 중에서 먼저 부딪히는 곳은 '곶'입니다. 곶은 파랑의 에너지를 직접 받기 때문에 침식이 일어납니다. 파랑에 의한 침식이 오래 지속되면 '곶'은 깎여 나가며 다양한 모양이 형성됩니다. 그래서 '곶'에서는 파랑의 침식작용으로 형성된 해식애(해안 절벽), 해식동(해식굴), 파식대*, 시스택* 같은 해안 지형을 볼 수 있습니다. 해안 침식 지형에 대한 자세한 내용은 뒤에 나오는 〈04. 외적 요인이 만든 지형은?〉에서 살펴볼게요.

파식대
해식애 아래에 있는 넓고 평평한 침식 면이다.

시스택
파랑의 침식작용으로 육지와 분리된 돌기둥이다.

곶에 부딪힌 파랑은 힘이 약해집니다. 그래서 만에 이르면 곶에 부딪히기 전보다 에너지가 적은 상태로, 물결이 잔잔해집니다. 곶에 부딪히면서 에너지를 소모했기 때문이에요. 그래서 '만'에서는 물속에 있던 작은 입자들을 퇴적시키면서 갯벌이나 사빈을 만듭니다. 파랑이 운반한 퇴적물 중에서 점토나 실트가 쌓이면 갯벌이 되고, 그것보다 입자가 큰 모래 등의 퇴적물이 쌓이면 사빈이 형성됩니다. 따라서 밀물과 썰물의 차가 있고 수심이 얕으면서, 곶과 만이 있는 복잡한 해안에서 갯벌과 사빈을 관찰할 수 있습니다. 이제 지도에서 갯벌의 위치를 찾을 수 있겠죠?

갯벌이 형성되는 해안의 특징

1 밀물과 썰물의 차가 크다 2 수심이 얕다

3 해안선이 복잡하다(리아스식 해안)

서해안이 주목받는 이유

이산화탄소, 질소 등 대기오염 물질을 배출하지 않으면서 우리 생활을 편리하게 만들어 주는 자원은 없을까요? 한 번 쓰면 버려지고 또 지구 온난화까지 야기시키는 석탄, 석유와 같은 자원 대신 깨끗한 자원을 사용하면 어떨까요? 오염 물질을 발생시키지 않는 재생 가능한 자원이 있다면 인류는 자원 고갈과 환경오염 문제에서 벗어날 수 있을지도 모릅니다.

햇빛, 바람, 조류, 조력, 바이오에너지는 이러한 문제를 해결하기 위해 등장한 '신재생에너지'입니다. 신재생에너지는 자연 상태에 존재하는 에너지원을 활용하기 때문에 화석연료를 사용할 때와 다르게 오염 물질이 거의 발생하지 않는 청정에너지입니다. 특히, 서해는 조석 간만의 차가 크고, 해안선이 복잡해서 동해나 남해에 비해 조력발전과 조류발전에 유리한 조건을 가지고 있습니다.

조류는 밀물과 썰물 때문에 나타나는 '바닷물의 흐름'을 의미합니다. 바닷물이 섬과 섬 사이의 좁은 수로나 해협을 통과할 때 조류의 속도는 빨라지는데, 이때 발생하는 조류의 강한 에너지를 이용한 발전 방식을 '조류발전'이라고 합니다. 조류발전소는 물살이 빠른 맹골수도°나 울돌목° 등 조류발전 입지에 적합한 장소인 서해안에 주로 분포합니다.

조석 간만의 차가 큰 서해안은 조력발전소 입지에도 유리합니다. 조력발전은 밀물과 썰물의 높이차를 이용하여 전기를 생산하는 발전 방식입니다. 만의 입구를 방조제°로 막고, 수문을 설치해 밀물과 썰물이 수문을 드나들 때 발생하는 물의 힘을 이용하여 전기를 생산합니다. 우리나라에는 세계 최대 규모의 발전 용량을 자랑하는 시화 조력발전소가 있습니다.

또한 서해안은 수심이 얕고 해안선이 복잡해서 간척 사업에도 유리합니다. 이미 서해안의 많은 지역이 간척 사업으로 육지화되었는데, 경기도 시흥과 안산에 속한 시화 공단은 간척 사업으로 형성된 국가산업단지입니다. 시화공단의 많은 산업시설 사이에 시흥 시민의 휴식처인 옥구공원이 있습니다. 이 공원이 원래는 '옥구도'라는 섬이었습니다. 옥구도는 주변에 돌이 많아서 석도, 석출도, 옥귀도 등으로 불렸다고 해요. 그런데 옥구도가 간척으로 육지화되면서 지금의 옥구공원으로 바뀐 것입니다.

이처럼 서해안은 신재생에너지 생산과 간척 사업에 유리합니다. 얕은

맹골수도
전라남도 진도군 남서쪽 해상의 서거차도와 맹골군도 사이를 지나는 바닷길이다.

울돌목
전라남도 해남군 화원반도와 진도 사이에 있는 좁은 해협으로 명량 해협으로도 불리는 좁고 긴 바다이다.

방조제
바닷물을 막기 위해 쌓은 제방이다.

수심과 복잡한 해안선, 조석 간만의 차가 큰 서해안의 특징은 갯벌 형성에만 유리한 것이 아니라 생활공간의 확대와 에너지 생산에도 좋은 환경입니다. 그러나 서해안에서 이루어지는 간척 사업과 조력·조류 발전소 건설은 해양 환경에 부정적인 영향을 줄 수 있습니다. 따라서 서해안에서 이루어지는 개발이 생태계에 미치는 영향을 최소화할 수 있도록 환경 영양 평가 강화와 환경 관리 활동 등에 노력해야 합니다. 우리의 바다니까요.

돌담을 이용한 전통 고기잡이 '독살'

서해안에 살던 어부들은 바다를 보며 어떤 생각을 했을까요? '고기 여러 마리를 한 번에 잡았으면 참 좋겠다', '힘을 덜 들이고 고기를 많이 잡으면 참 좋겠다' 등의 생각을 했겠죠. 그러던 중 어느 유능한 어부가 한 가지 꾀를 생각해 냅니다. '바다에 그물을 설치해서 밀물 때 들어온 고기가 썰물 때 빠져나가지 못하게 하면 어떨까'라고요. 그러면 가만히 앉아서 고기를 쉽게 잡을 수 있다고 생각했습니다.

이와 같은 원리로 만들어진 낚시법으로, 충남 서천에 '독살'이라는 돌담이 있습니다. 독살은 바닷물 속에 돌로 둑을 쌓아 밀물 때 조류를 따라 들어온 물고기가 썰물 때 돌로 만든 둑 안에 갇히는 원리를 이용한 어업 방식입니다. 돌담의 길이는 30~100m 정도로 물고기가 둑 안에서 빠져나가지 못하게 돌 사이의 공간도 촘촘하게 막습니다. 이 지역의 수심은 1m 내외로 얕아 바닷물이 드나드는 모습을 쉽게 볼 수 있어서 독살에 물고기가 들어오는 모습을 보며 물고기를 잡을 수 있었으니 재미있었겠죠? 그러나 돌담은 바람이나 강한 파도에 쉽게 무너지기 때문에 많은 사람들을 동원할 수 있는 지역의 재력가들이 주로 운영했다고 합니다.

조차를 극복한 인천상륙작전

상륙작전의 성공 여부는 군인들이 해안으로 진입할 수 있는 공간의 크기에 달려 있습니다. 많은 배가 동시에 육지에 닿을 수 있어야 아군에게 유리하기 때문입니다. 우리나라에서 비교적 해변이 넓은 곳은 어느 해안일까요? 정답은 동해안입니다. 동해안은 끝없이 이어진 모래사장(사빈)이 해안선을 따라 남북으로 길게 펼쳐져 있고 밀물과 썰물의 차가 작아서 상륙에 유리합니다. 맥아더 장군이 상륙작전의 성공 확률을 높이려면 동해안에 있는 장소를 상륙 포인트로 정해야겠죠?

그런데 6.25 전쟁 당시 유엔군 총사령관인 맥아더 장군은 상륙 장소를 서해안으로, 그것도 밀물과 썰물의 차가 가장 큰 인천으로 정했습니다. 그의 측근들은 인천에서 상륙작전이 성공할 가능성은 희박하다며 맥아더의 주장에 반대했습니다. 하지만 맥아더는 밀물과 썰물의 차가 큰 인천으로의 상륙을 강행했고, 그의 계획대로 인천상륙작전은 성공을 거둡니다.

맥아더는 썰물 때 배가 이동하는 것은 매우 위험하다고 생각했습니다. 배가 갯벌에 걸리면 밀물이 들어올 때까지 기다려야 하기 때문에 상륙정의 군인들이 위험해지기 때문이죠. 그래서 인천 상륙을 위해서는 밀물 때를 맞춰야 했습니다. 또한 인천 앞바다에는 넓은 갯벌이 펼쳐져 있어서 밀물 시간대에 맞춰 갯골*을 따라 병사들을 순차적으로 상륙시켜야 하는 어려움도 있었죠. 이러한 서해안의 특징이 아군에게는 상륙의 장애물이었지만, 적군에게는 해안 상륙을 막는 튼튼한 방어막이었습니다.

1950년 9월 15일, 맥아더는 상륙에 앞서 아군의 피해를 최소화하기 위해 화력으로 맹공을 퍼부었습니다. 특히 우세한 화력을 총동원하여 인천 앞바다에 있는 월미도를 함포와 폭격기로 초토화시킵니다. 월미도 해안 절벽의 경사가 매우 급해서 군인들이 월미도 상륙을 시도할 때, 인명 피해가 발생할 우려가 있었기 때문입니다. 약 이틀간의 폭격으로 월미도와 인천 해안 일대를 쑥대밭으로 만든 유엔군은 밀물 때에 맞춰 군인들을 인천에 상륙시켰고, 큰 희생 없이 인천상륙작전은 성공할 수 있었습니다.

갯골
조류가 드나드는 물길이다.

조선시대 중심지 마포

현재 마포는 지하철역 이름이지만, 조선 시대에는 상업 활동이 가장 활발한 중심지였습니다. 중심지란 사람과 물자가 가장 자유롭게 모여드는 장소로 땅값이 가장 비싸고, 인구의 이동이 많으며, 교통이 편리한 지역입니다. 조선 시대에 마포가 상업의 중심지로 성장했던 요인은 무엇일까요? 정답은 교통이 편리했기 때문입니다.

조선시대에 가장 빠른 교통수단은 '배'입니다. 노 젓는 배가 뭐가 빠르냐고요? 조선시대에 육지로 난 길은 매우 좁고 험했습니다. 또한 우리나라는 산이 많아서 육로 교통이 불편했어요. 산에는 무서운 호랑이도 있고, 더 무서운 산적들도 있었으니 안전하고 빠르게 이동하는 방법으로 '배'만한 교통수단이 없었겠죠. 게다가 임금님께 올리는 진상품의 운반이나 나라에 쌀로 세금을 내는 대동법°이 실시되면서 국민들이 납부한 세금을 안전하게 운송하는 것도 큰 과제였습니다. 사람이 쌀을 짊어지고, 산을 넘고 물을 건너서 한양까지 가는 건 불가능한 일이겠죠? 그래서 배를 이용해 국민들이 낸 쌀을 한양으로 옮기는 '조운'이 이루어졌습니다.

경상도를 출발한 조운선이 거친 바다를 지나 한강 하구까지 오기까지 얼마나 힘들었을까요? 그러나 여기서 끝이 아닙니다. 한강 하구에서 한양까지 가려면 배로 한강을 거슬러 올라가야 합니다. 하향 에스컬레이터 계단을 거슬러 위층으로 올라가는 것처럼 말이죠. 그러나 당시 뱃사람들은 조류를 이용해 한강을 거슬러 올라가는 지혜를 발휘했습니다. 밀물 때에 맞춰서 배를 띄우면 배가 조류를 타고 자연스럽게 내륙으로 이동하는 것이죠. 밀물이 강물보다 밀도가 크기 때문에 바닷물이 강물을 거슬러 올라가는 원리를 이용한 것입니다.

대동법
조선시대의 납세제도로 지역의 공물(특산물)을 쌀로 바치게 했다.

배가 닿는 한강 포구에는 배에서 물건을 싣고 내리는 사람, 음식업 · 숙박업 · 유통업을 하는 상인 등 많은 사람들이 몰려들면서 자연스럽게 중심지로 성장하게 되었습니다. 그 당시에 번성했던 중심지는 뚝섬, 마포, 용산, 서빙고, 서강 등 한강 포구 지역입니다. 기록에 의하면 바닷물이 서빙고와 잠실까지 흘렀다고 하니 밀물이 강물을 밀어내는 힘이 얼마나 센지 알 수 있겠죠?

이렇게 밀물과 썰물의 영향을 받는 하천을 '감조하천'이라 하고, 바닷물이 하천으로 역류하는 구간을 '감조구간'이라고 합니다. 우리나라의 서해안과 남해안으로 흘러드는 하천은 대부분 감조하천입니다. 그러나 요즘 감조구간을 보기가 어려워졌어요. 4대강을 예로 들면 영산강, 금강, 낙동강 하구에 하굿둑이 건설되면서 밀물이 강물을 거슬러 오르는 길이 차단되었기 때문입니다. 한강 하구에는 하굿둑이 설치되어 있지 않지만, 김포 주변에 수중보가 생기면서 바닷물이 올라가는 길목이 사실상 차단되어 있습니다.

그러나 수도권에서도 하천의 감조구간을 볼 수 있는 장소가 있습니다. 인천시 남동구 소래포구를 흐르는 장수천 수로 주변입니다. 또한 경기도 시흥갯골생태공원 내 수로에서도 감조구간을 볼 수 있는데, 이들 지역에서는 썰물 때 하천의 작은 물줄기가 바다로 흐르다가 밀물 때 바닷물이 들어오면서 하천의 수위가 높아지는 현상을 관찰할 수 있습니다. 또한 썰물 때 바닷물이 빠지면서 갯벌에 사는 게들이 이동하는 모습도 관찰할 수 있습니다.

우리나라 서해안과 동해안의 특징

① 해안선이 복잡한 해안은? 서해안, 동해안

② 사빈의 모래 알갱이가 더 작은 곳은? 서해안, 동해안

③ 석호를 볼 수 있는 곳은? 서해안, 동해안

④ 해안단구를 볼 수 있는 곳은? 서해안, 동해안

⑤ 갯벌을 볼 수 있는 곳은? 서해안, 동해안

⑥ 갯벌이 형성되는 장소는? 만, 곶

	동해안	서해안
해안선	단조롭다	복잡하다 (리아스식 해안)
입자의 크기	크다	작다
해안 지형	사빈, 석호, 해안단구	사빈, 갯벌
특징	수심이 깊다. 조석 간만의 차가 작다.	수심이 얕다. 조석 간만의 차가 크다.

정답: ① 서해안 ② 서해안 ③ 동해안 ④ 동해안 ⑤ 서해안 ⑥ 만

1부

지형과 생활

'우리가 살고 있는 지형의 모습이 왜 다를까?', '땅은 움직일까?' '화산과 지진은 땅의 움직임과 어떤 관계가 있을까?' 다소 어려운 질문 같지만, 의외로 정답은 매우 간단하고 쉽습니다. 왜냐하면 땅이 움직이고 있어서 화산과 지진이 발생하고, 지형도 달라지기 때문입니다. 지구 내부에서는 어떤 일이 일어나고 있는 걸까요?

2장

지형의 형성 원인과 종류

03

내적 요인이 만든 지형은?

- 조산대와 해일을 설명할 수 있다.
- 지구 내부의 영향(내적 요인)으로 만들어진 지형의 모습을 이해할 수 있다.

지구 내부는 어떤 모습일까?

축구를 하다가 친구의 태클에 걸려 넘어진 적이 있습니다. 다시 일어나서 뛰고 싶었지만 발목이 아파서 걸을 수가 없었습니다. 그래서 병원에서 다친 부위를 정확히 찾기 위해 엑스레이 검사를 받은 적이 있습니다.

엑스레이 검사는 겉으로 쉽게 확인하기 어려운 몸 안의 골절이나 질병을 알아낼 수 있는 방법입니다. 엑스선을 발견한 독일의 물리학자 뢴트겐의 도움으로 우리는 수술하지 않아도 인체의 내부를 볼 수 있게 되었습니다. 고마운 분이죠. 그럼 지구 내부의 모습은 어떻게 알았을까요?

지구 내부는 지구 중심에서부터 핵, 맨틀, 지각의 순서로 구성되어 있습니다. 우리가 지구 내부의 모습을 알기 위해 지각을 뚫고 내려가서 맨틀을 통과한 뒤, 핵을 보고 지각으로 다시 되돌아오면 좋겠지만 그건 불가능합니다. 지각에서 지구 중심까지의 거리가 약 6,400km에 이르고, 또한 지구 내부로 들어갈수록 온도가 높아져 접근이 어렵기 때문입니다.

그러나 지구 내부의 모습을 알고 싶었던 과학자들은 끈질긴 연구 끝에 지진파를 이용해 지구의 내부 모습을 확인하는 데 성공했습니다. 그들은 지구 내부로 지진파를 보내 성질이 다른 층 사이를 통과할 때마다 지진파의 속도가 달라진다는 점을 알아냈습니다. 그렇게 지구 내부가 핵, 맨틀, 지각의 서로 다른 층으로 이루어졌다는 사실을 밝혀낸 것이죠.

지각은 지구의 가장 바깥쪽에 있는 얇은 층으로, 대부분 토양과 암석으로 이루어져 있습니다. 지각은 여러 개의 판°으로 나뉘어 있습니다. 세계가 여러 개의 대륙으로 나뉜 것처럼 말이죠.

지각 아래에는 '맨틀'이 있습니다. 맨틀은 상부 맨틀, 연약권, 하부 맨틀로 구성되어 있고 대부분 고체입니다. 다만 연약권은 물렁물렁한 고체여서 힘을 받으면 움직이는 성질이 있습니다.

맨틀은 하부 맨틀과 상부 맨틀의 온도차로 맨틀이 움직이는 대류현상이 일어납니다. 핵과 가까운 하부 맨틀은 상부 맨틀보다 상대적으로 온도가 높은데, 이러한 온도차로 하부 맨틀은 위로, 상부 맨틀은 아래로 움직이는 대류현상이 발생하게 되고, 이렇게 맨틀과 지각판이 움직이면서 판과 판이 만나는 곳에서 지진과 화산활동이 발생합니다. '지구가 움직인다'는 주장의 근거는 맨틀의 대류현상과 관련이 있습니다. 그리고 맨틀 아래에는 핵이 자리잡고 있습니다.

이렇게 지구 내부는 삶은 달걀과 같은 구조를 이루고 있습니다. 삶은 달걀이 가장 안쪽부터 노른자(핵), 흰자(맨틀), 껍질(지각)로 이루어진 것처럼 말이죠.

판
판 구조론에 따르면 지각은 10개의 판으로 나뉘어 있다.

내적 요인이 만든 대지형

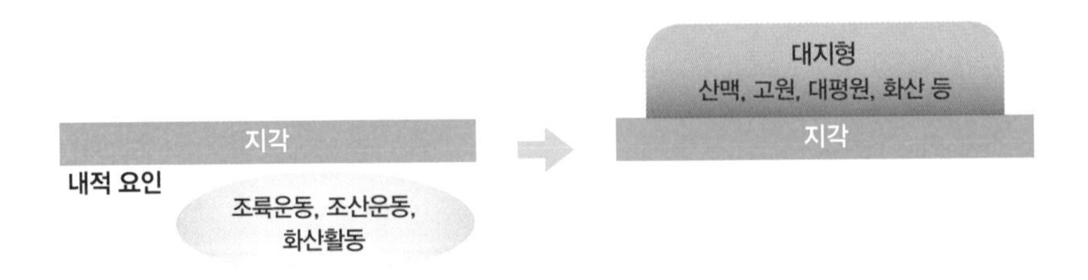

1. 내적 요인과 대지형 형성 과정

지형을 형성하는 원인에는 크게 내적 요인과 외적 요인이 있습니다. 내적 요인이란 대지형을 만드는 지구 내부의 힘으로, 맨틀 위에 있는 넓은 지각면이 올라가거나(융기) 내려가면서(침강) 대지형을 만드는 '조륙운동', 지각판과 지각판이 충돌하거나 어긋날 때 발생하는 '조산운동', 지하에서 마그마 분출로 지형을 만드는 '화산활동'이 있습니다. 자료1은 내적 요인으로 어떠한 대지형이 형성되는지 정리한 것입니다. 산맥, 고원*, 대평원, 화산 등의 대지형은 내적 요인인 조륙운동, 조산운동, 화산활동의 결과로 만들어집니다.

조륙운동은 넓고 평평한 대지형을 만듭니다. 이 운동은 화산활동이나 지진처럼 급격하게 일어나지 않고, 오랜 시간에 걸쳐 서서히 융기하거나 침강합니다. 러시아 평원, 미국 중부 대평원, 아르헨티나의 팜파스는 조륙운동의 결과 형성된 매우 안정되고 평평한 땅입니다. 이곳에서는 농업과 목축이 이루어지고, 지진과 화산활동은 거의 발생하지 않습니다. 대지의 고요함을 느낄 수 있는 곳입니다.

* 고원
고도가 높은 곳에 형성된 비교적 넓고 평평한 지형이다.

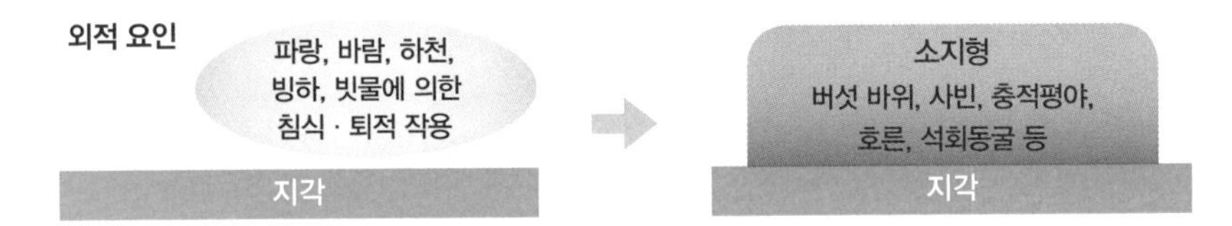

2. 외적 요인과 소지형 형성 과정

조산운동은 대산맥을 만듭니다. 에베레스트산을 품고 있는 히말라야산맥과 알프스산맥, 아메리카 서부에 위아래로 길게 뻗은 로키산맥과 안데스산맥이 대표적입니다. 이 산맥들은 판과 판이 부딪힐 때 일어나는 횡압력에 의해 형성된 습곡산맥으로, 경사가 급하고 험준합니다. 이곳을 오를 때에는 등산용 장비와 마음의 준비가 필요하겠죠?

지하의 마그마가 지표면으로 분출하는 화산활동은 다양한 화산지형 즉 용암대지, 해령, 칼데라* 등을 만듭니다. 마그마가 지표면에 분출되면 넓고 평평한 용암대지가 만들어지고, 바닷속에서 분출되면 거대한 용암 산맥인 '해령'이 형성되고, 화산 정상에서 분출되면 분화구가 무너지면서 칼데라가 만들어집니다. 화산지형은 백두산, 울릉도, 독도, 제주도, 경기도 연천군 등에서 관찰할 수 있습니다. 단, 해령은 우리나라 바다에서 볼 수 없습니다.

지형은 이와 같은 내적 요인 외에 외적 요인으로도 형성됩니다. 외적 요인의 한자 '외(外)'는 지구 밖의 우주를 의미하는 것이 아니라, 지각의 윗부분, 즉 우리 주변 환경에서 일어나는 자연현상을 의미합니다. 예를 들면 파랑의 침식작용이 만든 해식애(해안 절벽)나 바람의 퇴적작용으로 형성된 사구(모래 언덕)는 외적 요인으로 형성된 지형이고, 해식애와 사구

* 칼데라
화산 폭발로 분화구가 무너져 생긴 지형이다. 백두산 천지는 화산활동으로 백두산 정상부가 함몰되어 생긴 칼데라에 물이 고여 생긴 '칼데라호'이다. 울릉도의 나리분지도 칼데라 지형이지만, 물이 고여 있지 않아 '칼데라 분지'라고 한다.

를 만든 '파랑'과 '바람'은 외적 요인에 해당합니다. 사구나 해식애의 규모는 어떨까요? 히말라야산맥에 비해 상대적으로 작아요. 그래서 외적 요인으로 형성된 지형들을 '소지형'이라고 합니다. 자료2는 외적 요인으로 소지형이 형성되는 과정을 정리했습니다. 소지형에 대해서는 뒤에 나오는 〈04. 외적 요인이 만든 지형은?〉에서 더 자세히 살펴볼게요.

지진과 화산이 발생하는 지역은?

판과 판이 충돌하는 경계면에서는 땅이 흔들리는 지진이나 지하에 있는 마그마가 분출하는 화산활동이 발생하기도 합니다. 또한 조산운동으로 높은 산맥이 형성되기도 하는데, 이러한 특징이 나타나는 판과 판의 경계를 '조산대'라고 합니다. 지구에는 두 개의 큰 조산대가 있습니다. 하나는 남아메리카 안데스산맥과 미국의 로키산맥을 지나 일본을 거쳐 인도네시아와 호주 북동부로 이어지는 띠 모양의 환태평양조산대입니다. 조산대의 위치가 태평양을 둘러싸고 있어서 붙은 이름이죠.

3. '불의 고리' 환태평양조산대

환태평양조산대가 지나는 곳인 아메리카 서부에는 길게 뻗은 안데스산맥과 로키산맥이 있습니다. 이 산맥들은 태평양판과 대륙판이 충돌한 조산운동으로 형성되었고, 지금도 이곳에서는 지진이 자주 발생합니다. 2019년 7월 4~5일에 미국 캘리포니아에서 20년 만에 가장 강력한 규모의 강진이 두 차례 발생했는데, 7월 23일까지 총 8만여 회 여진*이 있었다고 합니다. 조산대에서 발생하는 지진의 규모가 대단하죠? 지진은 조산대 부근에서 가끔 한 번씩 발생하는 것이 아니라 불규칙적이고 지속적으로 일어나고 있습니다. 지구 내부가 끊임없이 움직이고 있으니까요.

4. 알프스히말라야조산대

조산대에 위치해 지진 발생이 빈번한 대표적인 나라는 일본입니다. 일본은 화산활동으로 분출한 마그마가 굳어서 형성된 섬나라로, 섬들이 판의 경계를 따라 줄줄이 늘어서 있어 '열도'라고 합니다. 일본에서 화산과 지진이 자주 발생하는 이유는 일본이 해양지각인 태평양판과 대륙지각인 유라시아판의 경계면에 위치해 지각이 불안정하기 때문입니다.

환태평양조산대에서 발생하는 지진활동에 대해 더 자세한 내용을 알고 싶다면 인터넷에서 '페루 지진'과 '캘리포니아 지진'을 검색해 보세요. 놀라운 결과가 기다리고 있습니다.

환태평양조산대와 견줄 만한 또 다른 조산대는 태평양의 뉴기니섬에서 히말라야산맥, 이란의 자그로스산맥, 알프스산맥, 아틀라스산맥에 걸쳐 있는 알프스히말라야조산대입니다. 환태평양조산대와 마찬가지로 알프스히말라야조산대 지역에도 큰 산맥이 형성되어 있고, 여전히 지진이나 화산활동이 발생하고 있습니다. 2020년 1월 터키에서 발생한 규모 6.8의 강진은 알프스히말라야조산대와 관련이 있습니다.

* 여진
대규모 지진이 일어난 후에 발생하는 작은 규모의 지진이다.

바닷속에서 지진이 일어난다면?

인도네시아는 환태평양조산대에 위치해 지진이 자주 발생합니다. 인도네시아는 태평양과 인도양 사이에 위치한 섬나라로, 지진이 육지와 바다 모두에서 일어날 수 있는데요. 여기서 문제!

Q 육지와 바다 중 지진 피해가 더 큰 곳은 어디일까요?

바닷속에서 지진이 일어나면 바닷물이 지진의 진동을 흡수해 지진의 흔들림이 줄어들지 않을까요? 바닷물이 진동을 막는 보호막이 되기 때문에 지진 피해도 줄어들 것 같은데…. 과연 맞을까요? 지진이 발생한다면 바다와 육지 중 어느 쪽에서 발생한 피해가 더 클까요? 이 문제에 정답을 알아내기 위해 '탐구'가 '해일'님을 인터뷰했습니다.

해일 안녕하세요. 이번에는 제 차례군요.

탐구 출연을 예상하셨나요?

해일 소문이 났습니다. 아주 날카로운 질문을 하신다고요.

탐구 제 이름이 탐구라 답을 찾을 때까지 계속 질문할 수밖에 없죠. 해일님께도 명쾌한 답변을 부탁드립니다.

해일 좋습니다. 그런데 저를 왜 불렀죠?

탐구 궁금한 점이 있어서요. 바닷속에서 지진이 발생하면 지진의 피해가 육지에서 발생했을 때보다 적은가요?

해일 그런 질문이라면 내가 전문이에요. 내가 하는 일이니까요.

탐구 그럼 해일 선생님은 정확히 어떤 일을 하시나요?

해일 저는 바다에서 생긴 높은 파도를 육지로 가져갑니다. 사람들은 바다에서 높은 파도가 밀려올 때 모두 한목소리로 제 이름을 부르죠. "해일이야!"

탐구 인기가 많으시네요. 한 번 출연에 떼창을 들을 수도 있으니까요. 연예인 같아요.

해일 별말씀을…. 그렇지만 내가 항상 높은 파도를 가져가는 건 아닙니다. 큰 형님 두 분이 저를 괴롭힐 때만 어쩔 수 없이 파도를 육지로 가져가죠.

탐구 그 두 분이 누구예요?

해일 한 분은 '폭풍'이라고 부르는데, 성질이 사납고 무서워요. 이분이 한 번 화나면 하늘에서 거친 비바람이 몰아치면서 생긴 큰 파도를 육지로 가져갈 수밖에 없어요. 사람들에게 피해를 주고 싶지 않지만, 폭풍의 방향이 육지를 향할수록 그 힘은 제 의지와 상관없이 더 거세질 수밖에 없어요. 그럴 때 사람들은 제 이름을 크게 부른답니다. "해일이야!"

탐구 혹시 거기에 비트나 리듬은 없나요?

해일 내가 만든 파도에 휩쓸려서 바닷속으로 들어가지 않으려면 비트나 리듬 탈 시간은 없을 겁니다. 무조건 도망가야죠. 내 이름을 부르면서….

탐구 네, 알고 보니 아주 무서운 분이군요.

해일 그런데 하늘에서 뿐만 아니라 땅속에서도 저를 괴롭히는 형님이 계십니다.

탐구 그게 누구죠?

해일 바로 지진입니다.

탐구 지진님은 언제 오시나요?

해일 저도 잘 모르겠어요. 어느 날 갑자기 한마디 말도 없이, 해저 지하에서 갑자기 몸을 부르르 떨어요. 특히, 진원*이 깊을수록 제 몸도 저절로 위아래, 위아래로 심하게 흔들립니다.

탐구 해일님의 몸이 흔들리면 그다음은 어떻게 되죠?

해일 제 몸이 흔들리는 건 지진에서 발생하는 에너지를 흡수했기 때문입니다. 흔히 말해 기를 받은 거죠.

탐구 그럼, 지진의 기가 해일님의 몸을 움직인 거군요.

해일 맞아요. 저도 그 기를 받아 큰 파도를 이끌고 육지 쪽으로 이동합니다. 저의 멋진 모습을 보고 싶으면 영화 「해운대」를 참고하세요.

탐구 혹시 2011년에 동일본 대지진으로 후쿠시마가 폐허가 된 것도 해일님의 영향인가요?

해일 맞아요. 저도 그렇게 하고 싶지 않았는데, 워낙 지진 에너지가 강하게 들어와서 큰 파도를 한꺼번에 육지 깊숙이 가져갈 수밖에 없었죠. 제가 후쿠시마에 다녀간 지 수 년이 지난 지금도 피해 복구가 완벽하게 되지 않았다는 이야기를 들었습니다.

탐구 해일님의 이야기 잘 들었습니다. 그럼, 여기서 해일님의 정체를 명확하게 밝혀 주세요.

해일 저는 육지에 높은 파도를 몰고 갑니다. 폭풍 때문에 일어나면 '폭풍해일', 지진 때문에 일어나면 '지진해일'이라고 해요. 특히, 지진해일이 일본 주변 해역에서 자주 발생해 일본인들이 저를 '쓰나미'라고 부르게 되었고 그렇게 저는 일본식 이름도 가지고 있는 거예요.

탐구 자신의 정체를 분명하게 정리해 주셔서 감사합니다. 마지막으로 쓰나미를

* 진원
지진이 발생한 곳이다.

경험할지도 모르는 환태평양조산대 해안 주민들에게 한마디 해주세요.

해일 힘내세요. 저 혼자 그런 일을 하는 게 아니니, 너무 저를 미워하지 마시고요. 제가 움직일 때, 동물들이 특별한 행동을 하는 경우가 있어요. 그리고 제가 큰 파도를 만들면 해안에서 갑자기 물이 바다 쪽으로 빨려 들어가는 모습을 관찰할 수 있는데, 그럴 때에는 신기하다고 바다를 바라보지 말고, 무조건 바다에서 멀리 떨어진 곳으로 이동하는 게 좋습니다. 안 그러면 제 파도에 휩쓸려 바닷속으로 들어가 영원히 빠져나오지 못할 수도 있거든요.

탐구 정말 끔찍한 말씀, 감사합니다.

화산활동으로 생긴 지형

지진과 화산활동은 대부분 지각판이 만나는 조산대 주변에서 일어납니다. 그럼, 우리나라에는 화산이 있을까요, 없을까요? 우리나라에도 화산활동으로 형성된 화산이 있습니다. 우리나라에서 가장 높은 백두산과 제주도의 한라산이 대표적입니다. 현재 한라산에는 화산활동이 일어나지 않습니다. 이런 화산을 휴화산(休火山)이라고 하는데, '화산활동, 지금은 휴식 중'이라는 뜻입니다.

반대로 여전히 화산활동을 하고 있는 백두산은 활화산(活火山)이라고 합니다. 활화산은 '나 지금 폭발 직전'이라는 뜻이에요. 가끔 신문에서 지질학자들이 백두산의 화산 분출이 가져올 피해 규모를 예상하는 내용의 기사를 볼 수 있는데, 이는 백두산 내부에서 마그마*가 여전히 끓고 있다

마그마
지하에서 열과 압력을 받은 암석이 액체 상태로 변한 것이다.

는 증거입니다.

잠깐 퀴즈! 독도, 울릉도, 제주도, 이 세 섬의 공통점은 무엇일까요?

정답은 모두 마그마가 굳어서 형성된 '화산섬'입니다. 섬의 모습은 마그마의 점성(끈끈한 성질)에 따라 다릅니다. 독도, 울릉도를 탄생시킨 마그마는 점성이 커서 경사가 급하고 꼭대기가 뾰족합니다. 섬의 모습이 '종'을 닮아 종상화산(鐘狀火山)이라고 합니다. 반면 제주도와 마라도는 점성이 적은 마그마의 영향으로 넓고 경사가 완만합니다. 이러한 섬의 모습이 엎어 놓은 방패와 같아서 순상화산(楯狀火山)이라고 합니다. 마그마의 성질에 따라 화산섬의 모습이 달라질 수 있다는 사실, 꼭 기억하세요.

제주도에는 화산활동으로 만들어진 다양한 화산지형이 있습니다. 한라산 정상에는 화산의 분화구에 물이 고여 생긴 화구호•가 있습니다. 백록담이라고 부르는 곳이죠. 또한 한라산 주변에는 여러 개의 '오름'이 분포합니다. 오름은 마그마가 여러 곳에서 분출하면서 생긴 작은 화산들로 '기생화산(寄生火山)'이라고 합니다. 이러한 제주도 화산지형은 용암 동굴, 성산일출봉과 함께 보존 가치가 인정되어 유네스코 세계 자연 유산에 등재되어 있습니다. 제주도가 기대되는 또 하나의 이유겠죠.

화구호
분화구에 물이 고여 생긴 호수이다. 한라산의 백록담이 대표적이다.

지진에 견뎌라

요즘 우리나라에 크고 작은 지진이 자주 발생해 지진 대피 훈련이 강화되고 있어요. 여러분도 학교에서 훈련에 참여했을 텐데요. 학교에서 했던 '지진 대피 3단계'를 기억해 볼까요?

1단계: 건물 안에 있을 때 지진이 발생하면 탁자나 책상 아래로 몸을 숨긴다.

2단계: 흔들림이 멈추면 가방 등으로 머리를 보호하고 계단을 이용하여 신속하게 밖으로 이동한다.

3단계: 밖으로 나와서도 떨어지는 물건에 유의하며 신속하게 운동장이나 공원 등 넓은 공간으로 대피한다.

이렇게 지진 대피 훈련을 철저히 해도 지진으로 건물이 무너진다면 인명과 재산 피해가 커집니다. 지진으로 인한 피해를 최소화시키는 가장 좋은 방법은 지진에도 무너지지 않는 건물을 만드는 것인데요. 대규모의 인명 피해를 막기 위해서는 사람들이 건물 밖의 안전한 곳으로 대피할 시간 동안만이라도 건물이 지진에 견딜 수 있어야 합니다. 그럴 시간도 없이 건물이 무너지면 많은 희생자가 발생하기 때문이죠.

최근 우리나라에서도 건물의 내진설계 기준이 강화되었습니다. 내진(耐震)은 건축물이 지진에 견디는 특성을 의미합니다. 내진설계된 건물은 일반 건물과 달리 벽면을 보강하거나 내부 구조를 튼튼하게 만들어 내구성을 높입니다. 그래서 지진의 진동으로 건물이 좌우로 흔들리지 않고 외부 충격에 견딜 수 있도록 합니다.

지진이 빈번한 일본은 내진설계 기술 개발에 적극적입니다. 예를 들면, 건물 기

5. 일반 건물과 내진설계 건물의 차이

초와 건축물 사이에 고무 스프링이나 베어링 같은 장치를 설치하여 지진에너지가 건축물에 전달되지 못하도록 하는 것입니다. 이 기술은 건물이 지진의 흔들림에 견디는 방식을 업그레이드한 것으로, 진동이 건물에 전달되는 지진에너지를 줄여 건물 붕괴를 방지하고 건물 내부의 안전을 보장하는 방법입니다. 2016년 일본 구마모토에서 규모 7 이상의 강진이 발생했을 때, 이 기술이 적용된 11층 맨션 건물에서는 피해가 거의 없었다고 합니다. 심지어 집 안에 있는 꽃병도 쓰러지지 않을 정도로 안전했다고 해요.

요즘 우리나라의 지진 발생이 늘면서 지진에 대한 위기의식도 함께 높아지고 있습니다. 다행히 우리나라에서는 큰 규모의 지진 발생이 빈번하지 않아서 지진에 대한 불안감이 항상 있는 건 아니지만, 언제 발생할지 모르는 지진에 대비해 건축물에 대한 안전진단과 내진설계가 더욱 필요해졌습니다. 국민의 생명과 안전에 직결되는 만큼 튼튼한 건축물을 만드는 게 중요해졌다는 의미겠죠.

화산과 화장품

인도네시아 자바섬에 있는 카와이젠 화산은 지금도 가스와 연기가 계속 분출되고 있는 활화산입니다. 이곳에서 사람이 살 수 있을까요? 자연에 대한 인간의 적응력은 뛰어납니다. 지구상에 존재하는 생물 중에 최고라고 해도 과언이 아니죠. 인간은 활화산 주변에서도 살아갑니다. 오히려 활화산 주변에 더 많은 사람들이 모여 살 정도예요. 자바섬 주민들은 활화산에서 값진 물건을 얻기 위해 오늘도 불 속에 들어갑니다. 그들이 화산 속에서 목숨 걸고 얻으려는 값진 물건은 무엇일까요? 바로 화산 속에 숨겨진 보물, 유황입니다. 카와이젠 화산에는 세계에서 유일한 순도 99% 유황이 있습니다. 이 지역 사람들은 안전 장비도 없이 맨몸으로 화산 가까이 접근해 뜨거운 열과 매캐한 연기를 참으면서 하루 두 차례 유황 덩어리를 꺼냅니다. 그리고 무거운 유황 덩어리를 들고 약 4㎞를 걸어서 이동합니다. 이들이 꺼낸 유황은 화장품의 원료로 사용되는데요. 이곳에서 생산된 유황의 품질이 세계에서 가장 좋다는 사실이 알려지면서 글로벌 화장품 회사들이 경쟁적으로 유황 확보에 나서고 있습니다. 그래서 활화산 지역임에도 위험을 무릅쓰고 돈을 벌기 위해 사람들이 몰리는 기이한 일이 벌어지는 것입니다. 이들에게 활화산 내부는 유황을 캐는 유황 광산인 것이죠.

사람들은 자연재해 앞에서 굴복하지 않습니다. 오히려 자연재해를 이기기 위해 사투를 벌입니다. 자연을 이기지 못하면 자연의 지배 아래 자신의 삶을 맡겨야 하기 때문이죠. 뜨거운 열기와 독한 연기가 뿜어져 나오는 유황 광산에 들어가는 사람들이 없었다면 우리에게 화장품을 이용하는 행운은 없었을지도 모릅니다. 화장품은 은은한 향기만큼 사람들의 고난과 희생이 담겨 있습니다.

천연 방파제 산호초

산호는 바다에 서식하는 동물로, 무리를 지어 모여 산호초를 만듭니다. 산호초는 에메랄드빛 바닷속을 더 아름답게 만들어 주는 돌의 일종으로, 물고기의 산란장이자 바다 생물의 중요한 서식지입니다. 애니메이션의 한 장면에서 산호초를 보거나 들어 본 적이 있을 텐데요. 순항 중인 배가 갑자기 크게 흔들려 선장이 '무슨 일이냐?'라고 물을 때 선원이 '배가 암초를 만난 것 같습니다'라고 대답하죠. 이 장면에서 선원이 말한 그 '암초'가 바로 바다에 돌출된 암석이나 산호초를 의미합니다. 산호초가 배를 침몰시킬 만큼 단단하다는 것, 꼭 알아 두세요.

인도양의 아름다운 섬 몰디브는 약 1,000개의 산호섬으로 이루어진 나라입니다. 자연경관이 아름다워 '인도양의 진주'라고 하죠. 몰디브는 수심이 얕고, 깨끗해 많은 관광객이 찾습니다. 몰디브 바다에서는 산호초 사이를 헤엄치는 물고기를 눈으로 직접 볼 수 있다고 합니다. 놀랍죠? 몰디브는 이러한 자연경관을 관광산업으로 발전시키기 위해 몰디브 해안에 있는 산호초를 파괴하고, 그 자리에 숙박과 음식점 등의 위락시설을 만들었습니다. 그 결과 예전보다 더 많은 관광객을 유치해 관광 수입이 늘었지만, 지진이나 폭풍으로 발생한 해일이 몰디브 해안으로 밀려올 때마다 큰 인명과 재산 피해가 발생했습니다. 산호초가 해일을 막아 주는 방파제였던 것이죠.

산호초 파괴는 몰디브에서만 일어나는 게 아닙니다. 형형색색의 산호가 흰색으로 변하면서 죽는 백화현상도 산호초가 사라지는 원인인데요. 전문가들은 백화현상의 원인으로 지구온난화를 주목합니다. 공기 중에 배출된 이산화탄소가 온실효과를 일으켜 지구의 평균기온이 상승하면서 바닷물의 수온도 상승해 산호의 생존이 어려워지는 것입니다. 또한 선크림도 백화현상을 일으키는 주범입니다. 선크림의 주성분인 옥시벤존과 옥티녹세이트가 산호초에 흘러들기 때문인데요. 하와이에서는 산호초 보호를 위해 선크림의 사용이 금지되었습니다. 인간이 만든 오염물질을 막지 못하고 지구의 환경 변화를 그대로 두면 산호초의 아름다움도 책에서만 볼 수 있는 역사가 될지도 모르겠어요.

Mind Map 핵심 개념 정리하기

지형 형성에 영향 주는 내적 요인

<table>
<tr><th>주제</th><th colspan="3">핵심 개념</th></tr>
<tr><td>지구는 어떤 모습일까?</td><td colspan="3">핵 – 맨틀 – 지각</td></tr>
<tr><td rowspan="4">내적 요인이 만든 지형은?</td><td colspan="2">내적 요인</td><td>대지형</td></tr>
<tr><td colspan="2">조산운동</td><td>산맥</td></tr>
<tr><td colspan="2">조륙운동</td><td>고원, 대평원</td></tr>
<tr><td colspan="2">화산활동</td><td>화산</td></tr>
<tr><td>지진과 화산이 발생하는 지역은?</td><td colspan="3">조산대
(환태평양조산대, 알프스히말라야조산대)</td></tr>
<tr><td>바닷속에서 지진이 일어난다면?</td><td colspan="3">지진 해일</td></tr>
<tr><td rowspan="3">화산활동으로 만들어진 지형은?</td><td></td><td>제주도</td><td>울릉도, 독도</td></tr>
<tr><td>종류</td><td>순상화산</td><td>종상화산</td></tr>
<tr><td>마그마 점성</td><td>작다</td><td>크다</td></tr>
</table>

04 외적 요인이 만든 지형은?

- 지형 형성의 외적 요인을 알 수 있다.
- 파랑, 바람, 하천, 빙하, 빗물의 퇴적, 운반, 침식작용으로 형성된 다양한 지형의 모습을 이해할 수 있다.

파랑은 어떤 지형을 만들었을까?

영화의 한 장면입니다. 주인공이 적에게 쫓겨 도망치다가 바닷가 낭떠러지에 이르렀습니다. 주인공이 갈 곳을 찾으며 주춤하는 사이, 곧 적들이 도착합니다. 그들은 쓴웃음을 지으며 말했습니다.

"넌 이제 끝났어."

주인공은 당당하게 이렇게 대답했습니다.

"아직 끝나지 않았어."

주인공은 이내 두 팔을 벌리면서 낭떠러지 아래로 뛰어내립니다. 바로 그 낭떠러지가 해식애입니다. 그 모습을 보고 당황하는 적들의 표정이 카메라에 잡히고, 멋진 음악이 흘러나오죠. 주인공은 어떤 위험한 상황에서도 죽지 않습니다. 아름다운 영화의 법칙일까요?

주인공은 바닷속으로 사라졌지만, 파랑(파도)은 주인공이 뛰어내린 해식애를 쉴 새 없이 때립니다. 쏴아 쏴아 소리도 내면서요.

절벽에서 파랑의 집중 공격을 받은 곳은 그렇지 않은 곳보다 더 많이 침식되어 육지 쪽으로 푹 들어가거나 구멍이 뚫리기도 합니다. 하루 이틀도 아니고 수백만 년 동안 한곳만 집중 공격했으니 단단한 바위도 버티기 힘들겠죠? 파랑에 의해 침식된 입자들은 파랑과 함께 바닷속으로 들어갑니다(침식). 침식된 알갱이들은 바닷속을 이리저리 다니면서(운반) 깎이기를 반복하더니 드디어 잔잔한 곳에 살며시 쌓입니다(퇴적). 이러한 파랑의 침식, 운반, 퇴적 작용이 오랫동안 지속되면 TV 다큐멘터리에서 봤던 기이한 해안 지형들이 탄생합니다. 여기서 잠깐 퀴즈! 해안의 곶과 만 중에서 파랑의 침식작용이 활발한 곳은 어디일까요?

앞에서 해안선이 바다로 튀어 나온 '곶'에서는 침식작용이 활발하고, 육지 방향으로 움푹 들어간 '만'에서는 퇴적작용이 활발하다고 배웠어요. 그림 1처럼 곶에서는 파랑의 침식으로 해식애(해식 절벽)가 만들어지고, 해식애 아랫부분에는 해식애의 후퇴로 드러난 파식대, 해식애에 구멍이 뚫린 해식 동굴(해식동), 오랜 침식으로 육지와 분리되어 섬처럼 남아 있는 시스택이 형성됩니다. 부산 태종대, 거제도, 울릉도, 백령도, 안면도에서 이 지형들을 직접 볼 수 있어요.

해안선이 육지 쪽으로 들어간 '만'에는 퇴적지형이 형성됩니다. 동해안에서는 파랑의 퇴적작용으로 사빈(모래 해변)이 해안

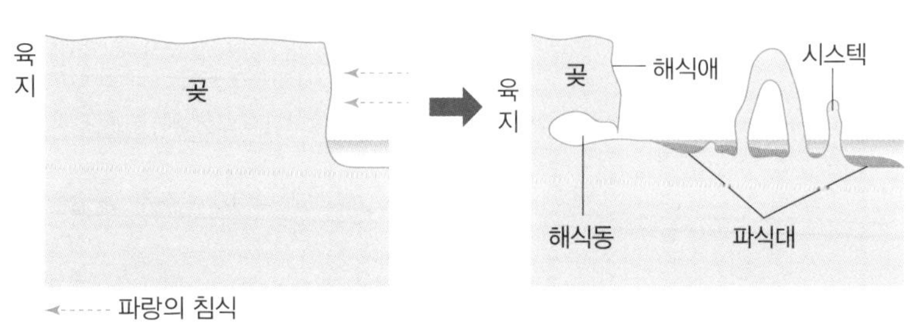

1. 파랑의 침식과 해안 침식지형

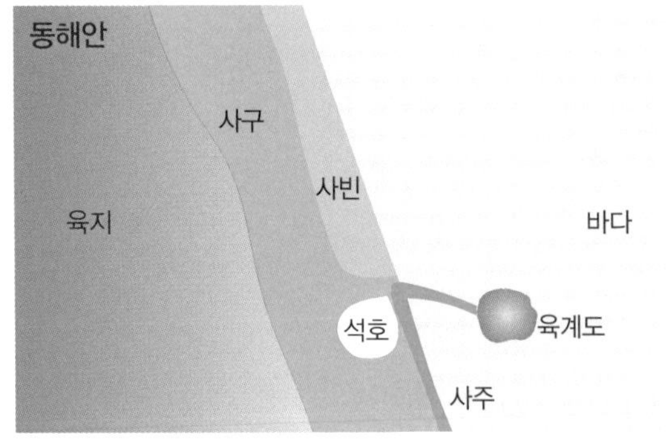

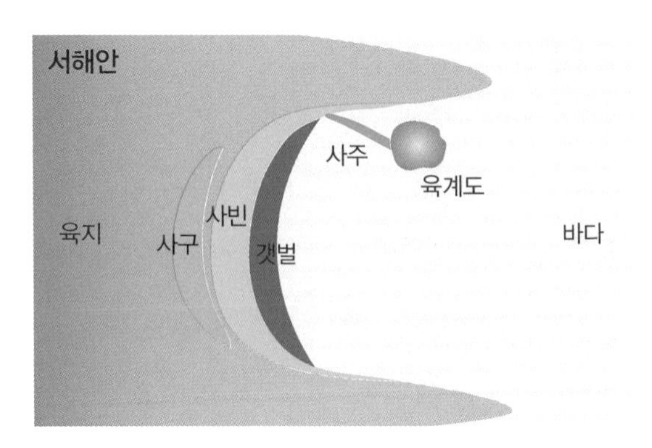

2. 동해안과 서해안 해안 퇴적지형

을 따라 길게 분포하고, 서해안에서는 물결이 잔잔한 만에 사빈이 형성되고 점토나 실트와 같은 작은 입자가 쌓여 갯벌(간석지)이 넓게 분포합니다. 남해안은 서해안보다 섬이 더 많아서 서해안에 비해 사빈의 발달이 빈약합니다.

바닷가에는 시원한 바람도 불어옵니다. 바다 쪽에서 육지로 바람이 불면 사빈의 모래가 바람에 운반되어 사빈의 뒤편에 쌓이는데, 이때 생긴 모래 언덕을 사구라고 합니다. 사구는 다음 주제인 '바람이 만든 지형'에서 한 번 더 등장합니다. 여기서는 사구를 사빈의 모래가 바람에 날려 퇴적된 '모래언덕' 정도로 기억하세요. 사주는 모래나 자갈이 해안에서 바다로 길게 뻗은 모래톱°입니다. 모래가 빼빼로 과자처럼 길게 퇴적된 지형이에요. 만약 사주가 섬과 육지를 연결하면 배 없이도 섬에 들어갈 수 있어요. 이렇게 사주로 육지와 연결된 섬을 '육계도(陸繫島)'라고 합니다. 또한 사주가 만 입구를 막으면 석호가 형성됩니다. 신기하죠? 현재 동해안에는 경포호(강릉), 화진포(고성), 영랑호(속초) 등 약 18개의 석호가 있습니다.

경동성 요곡운동의 결과로 우리나라의 지형은 동쪽이 높고, 서쪽이 낮

° 모래톱
강이나 바닷가에 쌓인 막대 모양의 모래사장이다.

3. 해안단구의 형성 과정

은 경동지형이 되었습니다. 앞에서 경동성 요곡운동이 우리나라 지형에 미친 영향을 배웠는데요. 경동성 요곡운동으로 인한 융기는 동해안의 해안단구 형성에도 영향을 주었습니다. 그림3의 A는 바닷속에 있는 땅이었는데, 지각이 융기하면서 땅이 해수면 위로 올라와서 계단상의 지형이 되었는데, 이러한 지형을 해안단구(海岸段丘)*라고 합니다. 해안단구는 융기의 영향을 받은 동해안에 발달했습니다. 해돋이 장소로 유명한 강릉시 정동진 해안단구가 대표적인데요. 정동진 해안단구는 2004년 4월 9일에 천연기념물 제437호로 지정되었습니다. 그 이유는 정동진 해안단구가 우리나라의 지각 형성 과정을 입증할 가치가 인정되었기 때문입니다. 지형이 천연기념물로 지정된 건 이례적이죠.

바람은 어떤 지형을 만들었을까?

바닷가에서 육지로 바람이 세게 불어옵니다. 바람이 사빈을 지나면서 작은 모래들을 싣고 이동하다가 모래 해변 뒤에 내려놓기 시작합니다. 이렇게 해변에 가면 사빈 뒤편(육지 쪽)에 모래가 쌓인 언덕을 볼 수 있어요. 이를 지리학 용어로 '모래 사(沙)', '언덕 구(丘)' 자를 써서, 사구(沙丘)라

* 해안단구
해안단구는 단구애와 단구면으로 이루어져 있다.

고 합니다. 앞에서도 사구의 형성 과정을 간략하게 읽어 봤는데요. 그럼, 사구의 형성 원인을 어떻게 정리하면 좋을까요? 사구는 바람이 모래를 쌓아서 형성된 언덕이니까 '바람의 퇴적작용'이라고 정리하는 것이 가장 좋겠네요.

사구에 쌓인 모래들은 바람을 타고 사람들이 살고 있는 마을로 이동합니다. 모래는 마을 사람들에게 불편을 주고, 농경지에 쌓여 농작물에 피해를 줍니다. 모래가 마을에 들어오지 않으면 좋겠는데, 좋은 방법이 없을까요? 마을로 불어오는 모래바람을 막기 위해서는 마을과 해변 사이에 모래를 걸러 주는 장벽이나 망 같은 시설이 필요하겠죠? 주민들은 해안이나 마을 주변에 나무를 심어 모래 유입을 차단했습니다. 아이디어가 괜찮죠? 이를 '바람을 막는 나무들'이란 뜻으로, '방풍림'이라고 합니다.

건조기후 지역에서는 사구가 넓게 분포합니다. ㅅ자 모양으로 솟아 있는 사구가 겹겹이 쌓인 길을 사람들이 햇빛과 모래를 막기 위해 천으로 얼굴과 몸을 감싸고 이동하는 모습을 다큐멘터리나 책에서 봤을 텐데요. 이 지역에서는 강력한 바람이 많은 모래를 휩쓸면서 모래 폭풍을 일으키기도 합니다. 그러나 이 지역에서 모래를 막기 위해 방풍림을 조성하기는 어렵습니다. 왜 그럴까요? 이 지역은 기온이 높고, 비가 거의 내리지 않아 나무가 잘 자라지 않기 때문입니다.

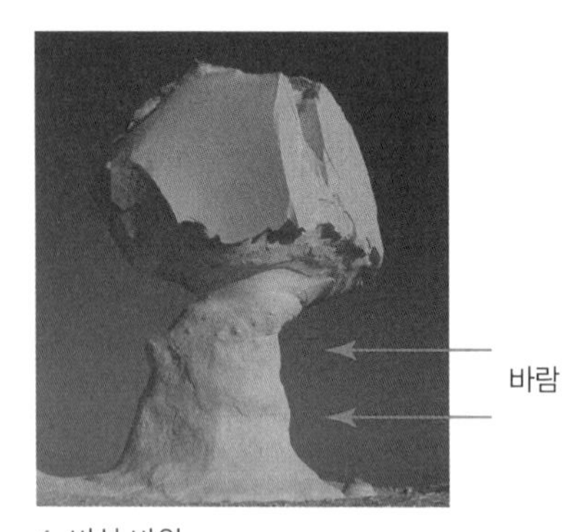

4. 버섯 바위

그림 4는 바람의 침식작용으로 형성된 버섯 바위입니다. 버섯 바위는 바위가 버섯처럼 생겼다고 해서 붙은 이름이에요. 건조한 사막에서 바람에 의해 암석의 아랫부분이 윗부분보다 더 많이 침식되면서 줄기가 가느다란 버섯 모양이 되

었어요. 그런데, 왜 암석의 아랫부분이 윗부분보다 더 많이 침식되었을까요? 그건 사막 모래의 입자가 비교적 크고 무겁기 때문에, 바람에 운반된 모래가 떨어지면서 암석의 아랫부분을 더 많이 침식하기 때문이에요. 꿈속에서 버섯 바위를 봤다면 빨리 꿈에서 나오는 게 좋습니다. 곧 목이 말라서 고통스러울지도 모르니까요.

하천은 어떤 지형을 만들었을까?

한강은 태백산맥에 위치한 강원도 태백시의 황지연못에서 발원합니다. 이곳에서부터 한강의 긴 여정이 시작되죠. 산에 오르면 바위틈이나 땅 속에서 흘러나온 물이 작은 골짜기를 따라 흐르는 모습을 볼 수 있습니다. 모두 하천을 이루는 물줄기인데요. 이러한 작은 물줄기들이 하류로 갈수록 합쳐지면서 강의 규모는 더욱 커지고, 강폭과 깊이도 넓고 깊어지다가 바다에 가까워질수록 규모가 큰 하천으로 성장하게 됩니다. 이러한 긴 여정 속에서 하천은 상류, 중류, 하류에 각각 독특한 지형을 만듭니다. 먼저, 상류부터 살펴볼까요?

상류 지역은 중류나 하류에 비해 물의 흐름이 빠르고 낙차*가 심해 아래로 깎는 물의 힘이 강합니다. 그래서 하천이 옆으로 굽어지면서 이루어지는 침식보다 아랫부분을 깎는 하방침식이 활발해 V자 모양의 경사진 계곡이나 골짜기가 형성됩니다. 이렇게 강의 상류에서는 하천이 V자 모양의 골짜기나 계곡을 만들면서 흐릅니다. 상류에서 하천의 침식작용으로 형성된 이러한 지형을 V자곡이라고 합니다. 세계적인 관광지로 꼽히는

낙차
떨어지거나 흐르는 물의 높낮이의 차를 말한다.

미국의 그랜드캐니언은 로키산맥에서 발원한 콜로라도강이 지표면을 하방침식하여 골짜기의 절벽이 깊게 패인 V자곡으로 유명합니다. 이처럼 하천의 상류에서는 하천의 침식 작용으로 만들어진 V자곡을 볼 수 있습니다.

하천의 침식을 받은 흙이나 모래는 하천에 의해 운반됩니다. 경사가 급한 계곡을 흐르다가 경사가 완만한 지역에 도달하면 유속•이 느려지면서 함께 운반해 온 모래, 자갈 등을 퇴적시키는데, 이때 퇴적된 지형이 부채꼴의 모습과 비슷해 선상지라고 합니다. 그림6은 하천 상류에 형성되는 선상지와 그 단면의 모습입니다. 경사 급변점을 중심으로 위쪽에는 V자곡, 아래쪽에는 선상지가 있는데요. V자곡과 선상지는 하천 상류에 발달한 지형임을 알 수 있습니다.

그러나 선상지가 계곡이나 V자곡이 끝나는 지점에서 항상 관찰되는 것은 아닙니다. 선상지는 상류의 골짜기 사이를 흐르는 하천이 갑자기 완만한 지형을 만나는 '경사 급변점', 즉 '급경사에서 완경사로 바뀌는 곳'에서만 형성됩니다. 하천이 급경사면을 따라서 흐르다가 경사가 갑자기 완만해지는 곳을 만나면 물의 흐름이 느려지면서 하천이 운반한 퇴적물을 한번에 쫙 풀어놓기 때문입니다. 산지가 많은 우리나라는 경사 급변점이 적어 선상지 발달이 미약하지만, 구례 화엄사와 경상남도 사천에서 관찰할

유속
물이 흐르는 속도이다.

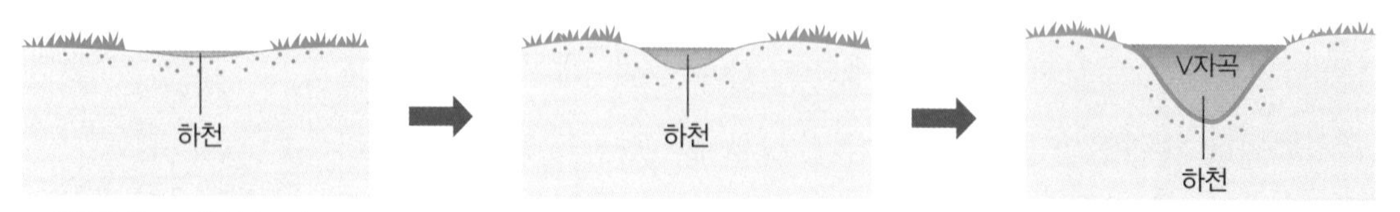

5. 하방침식으로 형성된 V자곡

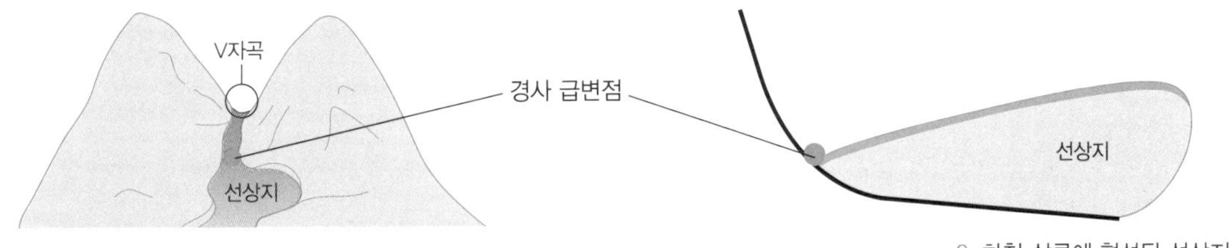

6. 하천 상류에 형성된 선상지

수 있습니다.

산지를 통과한 하천은 지형이 비교적 편평한 중류에 도달합니다. 상류에서 중류로 내려오는 동안 물의 양도 많아지고, 몸집도 제법 커졌는데요. 하천은 평야를 흐르면서 다양한 지형을 만들어 냅니다. 상류에서는 V자곡에 막혀 물의 흐름을 좌측이나 우측으로 바꾸기가 어려웠는데, 중류에서는 마음껏 유로•를 바꾸면서 자유롭게 흐를 수 있습니다. 그리고 갑자기 내린 폭우로 하천이 범람•하면 하천은 기존의 유로를 무시하면서 흐르다가, 서서히 물의 양이 줄면 자연스럽게 새로운 물길을 만들어 흐릅니다. 이러한 하천을 '자유곡류 하천'이라 하고, 하천에 의해 운반된 모래, 자갈, 흙 등이 퇴적된 하천 주변 지형을 '범람원'이라고 합니다.

범람원에는 퇴적물의 입자 크기에 따라 '자연제방'과 '배후습지'가 만들어 집니다. 하천이 범람할 때 하천에 운반된 물질 중에서 모래나 자갈처럼 입자가 큰 퇴적물들은 하천에서 먼 곳까지 이동할 수 있을까요? 아니죠. 하천 가까운 곳에는 입자가 큰 퇴적물이 쌓이고, 입자가 작은 물질들은 하천에서 먼 곳에 퇴적됩니다. 그래서 하천 양 옆에는 비교적 입자가 큰 모래나 자갈이 쌓이는데, 입자의 공극•이 커서 배수가 양호한 지형이 형성됩니다. 즉, 퇴적물 알갱이들 사이의 빈틈이 커서 물이 지하로 잘 빠지게 되

유로
물이 흐르는 길. '하도'라고도 한다.

범람
하천이 넘치는 것을 말한다.

공극
입자와 입자 사이의 공간이나 빈틈을 말한다.

는 것이죠. 그래서 하천 양안에는 지대가 높고, 배수가 양호한 자연제방이 형성됩니다. 하천 주변에 나무가 심긴 길이나, 도로를 볼 수 있는데 그곳이 바로 자연제방입니다. 드라이브나 산책 코스로 좋겠죠? 알아둘 점은 자연제방은 하천과 인접한 편평한 땅이 아니라 하천에서 봤을 때, 하천 양쪽을 감싸고 있는 높은 지대라는 것입니다.

자연제방 뒤에는 자연제방에 퇴적된 자갈이나 모래보다 입자가 작은 진흙이나 점토가 쌓입니다. 이 퇴적물들은 입자와 입자 사이의 간격이 좁기 때문에 이곳에는 배수가 불량한 지형이 형성되는데, 이를 배후습지라고 합니다. 배후습지는 물이 지하로 잘 스며들지 않아 질퍽한 땅으로, 물이 고여 있는 연못이나 늪이 되기도 합니다. 그래서 배후습지에서는 벼농사가 이루어졌습니다. 물이 잘 빠지지 않아서 벼농사에 유리하기 때문이죠. 도시화가 진행되면서 배후습지에 공장, 주택, 아파트 등이 들어섰습니다. 이곳은 배수가 불량하기 때문에 폭우가 쏟아지면 물이 잘 스며들지 않아 건물이 침수되는 일이 발생합니다. 그래서 이 지역에서는 배수펌프장을 설치해 홍수나 폭우에 대비합니다.

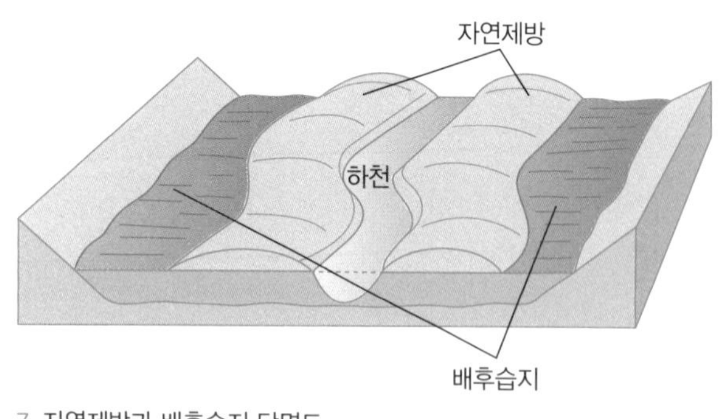

7. 자연제방과 배후습지 단면도

우리나라 사람들은 배산임수(背山臨水)의 입지 조건에 따라 산을 등지고 햇볕이 잘 드는 하천과 가까운 곳에 마을을 이루며 살았습니다. 하천이 물을 공급하고, 산이 차가운 북서풍을 막아 주며 땔감을 제공하기 때문입니다. 그러나 범람원에서는 홍수로 집이 침수되는 것을 피하기 위해 집터를 흙이나 돌로 평평하게 쌓아 올려 집을 짓는 '터 돋움 집'이 발달했습니다. 우연히 '터 돋움 집'을 발견했다면 하천이 범람하는 지역이라는 것을 추론할 수 있겠죠?

상류에서부터 흐르기 시작한 하천은 하류로 갈수록 하도도 넓어지고, 유량도 많아집니다. 물속에도 모래, 흙 등의 퇴적물들이 점점 많아집니다. 하천이 바다에 접근할수록 함께 운반한 퇴적물을 내려놓는 시점도 가까워집니다. 하천 상류의 계곡을 흐르던 하천이 경사 급변점에서 유속의 급격한 감소로 선상지를 만든 것처럼 하류에서는 하천이 거대한 바다와 '퍽'하고 충돌하는 순간 힘을 잃고, 그동안 운반해 온 퇴적물을 내려놓기 시작합니다. 왜냐하면 바닷물의 밀도가 하천의 밀도보다 커서, 하천과 바닷물이 충돌하면 하천의 유속이 감소하기 때문입니다.

바닷물은 하천이 쌓은 퇴적물을 바다로 가져갑니다. 만약 하천이 가져온 퇴적물의 양이 바다가 가져가는 양보다 많으면 어떻게 될까요? 퇴적물이 하천의 하구•에 쌓이겠죠? 이렇게 하천의 하구 부근에 퇴적물이 쌓여서 형성된 지형을 '삼각주'라고 합니다. 삼각주에서는 토지가 비옥해서 벼농사가 발달했습니다.

그러나 우리나라에서 삼각주 발달은 미약합니다. 삼각주가 형성되려면 바닷물이 침식하는(가져가는) 양보다 하천 하구에 쌓이는 퇴적물의 양이 많아야 하는데, 서해안은 조석 간만의 차가 커서 침식이 활발하게 일어나고, 동해안은 수심이 깊어 삼각주가 형성되기 어렵습니다. 물론 낙동강 하구에서는 밀물과 썰물의 영향으로 하천에 운반된 토사•가 침식되지만, 운반되는 퇴적물의 양이 침식되는 양보다 많아서 삼각주가 발달했습니다.

하구
하천과 바다가 만나는 지역이다.

토사
흙과 모래이다.

삼각주는 남해안의 낙동강과 서해안의 압록강° 하구에 형성되었습니다.

그러나 낙동강 삼각주는 1986년에 낙동강 하굿둑이 건설되면서 줄어들기 시작했습니다. 하천이 하굿둑에 막혀 하구에 유입되는 퇴적물의 양은 줄었지만, 바닷물에 의한 침식은 계속되었기 때문입니다. 따라서 삼각주를 보존하기 위해서는 하천이 바다로 흐를 수 있도록 하굿둑의 수문을 개방해야 합니다. 그러나 하굿둑은 바닷물의 역류를 막아 농작물의 염해°를 예방하고, 물을 저장합니다. 여러분, 하굿둑의 수문을 어떻게 하는 것이 좋을까요?

삼각주 주변에서는 해안선과 평행하게 쌓인 모래톱을 볼 수 있습니다. 마치 핫도그처럼 모래가 해안선과 나란히 쌓인 지형을 '연안사주' 혹은 '등'이라고 합니다. 연안사주는 섬을 키우는 '씨앗'입니다. 오랜 시간이 흘러서 연안사주에 더 많은 퇴적물이 쌓이고, 그곳에 풀들이 자라기 시작하면 '섬'으로 성장합니다. 기회가 되면 부산 을숙도 앞바다에서 연안사주 사진을 찍어서 보관했다가, 오랜 시간이 흐른 뒤에 변화된 모습을 비교해 보는 건 어떨까요?

지금까지 하천이 만든 지형을 살펴봤습니다. 하천의 위치에 따라 형성된 다양한 지형을 다음과 같이 정리할 수 있습니다.

하천의 위치에 따라 형성되는 지형들

하천의 위치	지형
상류	V자곡, 선상지
중류	범람원(자연제방, 배후습지, 하중도)
하류	삼각주, 연안사주

○ 압록강
백두산에서 발원해 서해로 흐르는 우리나라에서 가장 긴 강으로, 중국과 경계를 이룬다.

○ 염해
하천으로 바닷물이 역류할 때 나트륨, 마그네슘, 칼슘 따위의 염류가 땅속에 스며들어 농작물에 생기는 피해이다.

빙하는 어떤 지형을 만들었을까?

빙하는 이동할 수 있을까요? 빙하의 이동은 주변 환경에 어떤 영향을 줄까요? 빙하는 거대한 얼음덩어리로 주로 극지방에서 볼 수 있습니다. 극지방에는 태양복사 에너지* 양이 적어 기온이 낮기 때문이죠. 또한, 빙하는 해발고도가 높은 지역에도 있습니다. 고도가 높을수록 기온이 낮아지기 때문인데요. 빙하기에는 지금보다 더 많은 빙하가 있었고, 빙하의 침식과 퇴적으로 다양한 빙하지형이 나타났습니다. 빙하가 산 정상에서 바다까지 이동하면서 만든 다양한 지형들에 대해 빙하에게 직접 이야기를 들어 보도록 하겠습니다. 빙하야!

빙하 파랑에게 이야기 많이 들었습니다. 질문이 날카롭다면서요?

탐구 모르는 게 많아서 자꾸 궁금한 것들을 물어보니 파랑님이 어려워하신 것 같습니다.

빙하 드디어 제 차례군요. 한 번은 출연하고 싶었어요.

탐구 왜죠?

빙하 벌써 날카로운 질문이 들어오는군요. 파랑이 자기가 만든 것들을 자랑했던 것처럼 저도 자랑하고 싶었거든요.

탐구 오늘 빙하님의 이야기가 기대됩니다. 먼저, 빙하님이 만든 지형을 하나씩 소개해 주세요.

빙하 우선 저를 북극곰이나 남극의 펭귄들이 타고 다니는 얼음 조각으로 생각하지 말아 주세요.

태양복사 에너지
지구에 도달하는 태양 에너지의 양이다. 적도에서 극지방으로 갈수록 태양복사 에너지의 양이 감소하기 때문에 대체로 연평균 기온이 낮아진다.

8. 스위스의 마테호른

탐구 그럼 무엇인가요?

빙하 산꼭대기 그러니까 히말라야나 알프스처럼 1년 내내 눈을 볼 수 있는 만년설 지역에서 오랫동안 눈이 쌓이고 쌓여서 만들어진 거대한 얼음덩어리로 저를 생각해 주세요.

탐구 그러니까 북극과 남극에 있는 얼음과는 태어난 지역부터 다르다는 말씀이군요.

빙하 그렇습니다. 이제 제 몸이 산꼭대기에서 아래로 어떻게 이동하는지 알려 드리죠. 눈이 내릴 때마다 제 몸은 점점 커졌습니다. 다이어트도 소용이 없었어요. 눈과 얼음이 저를 더욱 무겁고 커다란 빙하로 만들었어요.

탐구 그럼, 무거워서 떨어지신 건가요?

빙하 맞아요. 그래서 아래쪽으로 천천히 미끄러져 내려갔습니다. 뾰족한 봉우리 보이시죠? 제 몸의 일부가 떨어져 나가면서 만들어진 거예요.

탐구 그래서 산 정상이 뾰족하군요.

빙하 끝까지 붙잡고 있으려다가 툭 떨어지면서 거기에 붙어 있던 돌과 흙도 같이 가지고 내려갔죠. 그 덕분에 사람들은 내가 만든 뾰족한 지형(호른)을 보기 위해 일부러 그곳을 찾는다고 합니다.

탐구 그렇게 빙하님의 여행이 본격적으로 시작된 셈이군요.

빙하 네, 이제 저는 거대한 몸체로 산을 쓸고 내려오면서 많은 양의 돌과 흙을 가진 어마어마한 얼음 덩어리가 되었습니다. 산을 내려오다가 평지를 만나면 운반해 온 자갈과 모래 등을 퇴적하기도 했고, '쿵' 하고 움푹 패인 곳에 내 몸의 일부가 남아서 녹으면 빙하호가 만들어지기도 했습니다.

탐구 빙하호도 빙하님이 만든 침식지형이군요.

빙하 대단한 건 아니지만, 나중에 내가 만든 아름다운 호수를 구경해 보세요.

탐구 빙하님의 거대한 몸은 어디에서 멈추는 건가요?

빙하 하하, 난 빙하예요. 난 계속해서 미끄러지며 바다를 향해 이동합니다. 내가 한 번 쓸고 가면 그 지역은 깊고 넓게 침식됩니다. 빙하기에 내 몸은 지금보다 더 컸어요. 바다의 수위도 지금보다 훨씬 낮았지요. 난 더 멀리 갈 수 있었고, 내가 휩쓸고 간 자리에는 기다란 만이 만들어졌습니다.

탐구 '긴 만'을 만들었다는 건 해안선이 육지 안으로 깊게 들어갔다는 의미인가요?

빙하 맞아요. 내가 해안선을 깊게 침식하고 난 후에 후빙기가 시작되면서 내가 만든 긴 만에 바닷물이 들어오게 되었죠. 사람들은 내가 만든 골짜기가 알파벳 'U'자와 비슷해서 U자곡이라고 불렀고, U자 모양의 단조로운 해안선을 '피오르'라고 합니다. 노르웨이 서쪽 해안에서 내가 만든 피오르를 찾을 수 있어요.

탐구 그럼, 피오르와 대한민국 서해안의 차이점은 무엇인가요?

빙하 한국의 서해안은 빙하의 영향을 받지 않고, 하천(강물)의 영향을 많이 받

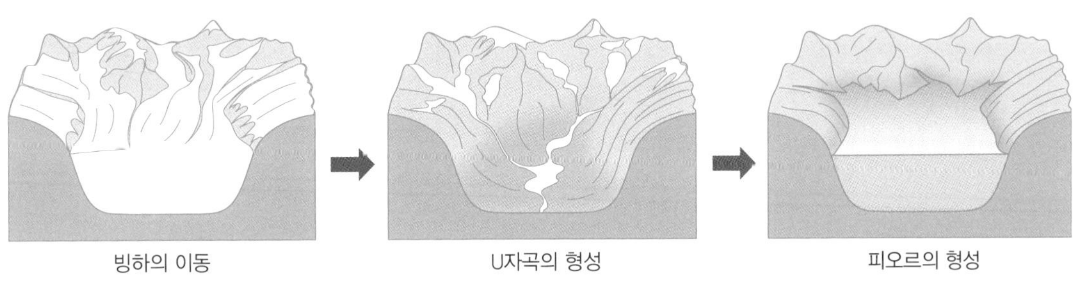

9. U자곡과 피오르

았습니다. 강물은 저보다 몸집이 작아요. 강물이 만든 골짜기는 넓이가 좁고 뾰족합니다. 알파벳의 'V'자와 비슷해 'V자곡'이라고 하죠. 후빙기 해수면 상승으로 V자곡에 바닷물이 들어오면 해안선이 복잡한 리아스식 해안이 형성됩니다. 제가 했던 말을 다음과 같이 정리할 수 있어요.

하천 해안 지형과 빙하 해안 지형의 특징

	하천 해안 지형	빙하 해안 지형
형태	V자곡	U자곡
지역	우리나라 서해안	노르웨이 서부 해안
원인	하천의 침식	빙하의 침식
특징	해안선이 복잡함 섬이 많음	해안선이 단조로움 넓고 긴 만이 발달

탐구 빙하님도 바람, 파랑, 하천처럼 침식, 퇴적, 운반 기술을 모두 가지고 계셨군요.

빙하 그래서 지형을 만들 수 있었죠.

탐구 앞으로의 계획은 무엇인가요?

빙하 파랑이나 해일과 다르게 저는 생존의 위협을 받고 있습니다. 지구온난화로 제 몸이 점점 작아지고 있어요. 2019년 7월쯤 CNN 뉴스에 놀라운 기사가 하나 올라왔는데, 북극해 빙하가 하루만에 20억 톤이나 녹았다는 내용이에요. 이렇게 빨리 녹아서 사라지기 전에 앞으로 저의 존재를 알리기 위해 노력할 겁니다.

탐구 저도 빙하님을 지키기 위해 노력하겠습니다.

빗물은 어떤 지형을 만들었을까?

빗물이 만든 특수한 지형이 있습니다. 빗물이 만든 지형의 형성 원리를 이해하려면 '용식(溶蝕)'의 개념이 필요합니다. 용식이란 빗물과 반응하는 암석의 어떤 성분이 화학반응을 일으켜 암석이 침식되는 현상이에요. 용식은 파랑, 바람, 하천, 빙하의 침식과 다릅니다. 침식은 외부의 요인에 의해 깎이는 것(물리적 반응)이고, 용식은 두 개의 성분이 결합하여 나타나는 반응(화학적 반응)입니다. 더 쉽게 비유로 설명해 볼게요. 나무에 못을 잘못 박았습니다. 못을 빼고 싶은데, 어떻게 하면 좋을까요? 가장 빠른 방법은 장도리를 못에 끼우고 힘을 주어 빼내는 방법입니다. 장도리를 못에 대고 힘만 주면 가능하죠. 이 과정에서 어떤 반응이 일어났나요? 아니죠. 장도리를 사용하기 전이나 후나 못은 못이고, 장도리는 장도리였습니다. 이렇게 서로 다른 두 개체의 반응 전과 후의 성질이 변하지 않는 것을 물리적 반응이라고 합니다. 앞에서 본 파랑, 바람, 하천, 빙하의 침식작용은 모두 물리적 반응의 예입니다.

못을 제거하는 다른 방법은 못과 물의 화학적 반응을 이용하는 것입니다. 못에 물을 뿌리고 시간이 지나면 못 표면에 붉은색의 녹이 생깁니다. 녹은 물과 철이 따로 있을 때에는 없었는데, 물과 철이 화학적으로 반응하면서 생겼어요. 이렇게 서로 다른 두 물질이 만나 새로운 물질을 만들거나 상태변화가 일어나는 것을 화학적 반응이라고 합니다. 못과 물의 화학적 반응을 이용해 못을 제거하는 데에는 오랜 시간이 걸리겠지만, 언젠가 못을 제거할 수 있겠죠? 이처럼 용식작용은 화학적 반응의 하나로, 물이 암석을 '녹이는 것'으로 생각해도 좋습니다.

그런데 모든 암석에서 용식이 일어나지 않습니다. 용식이 일어나는 특별한 암석이 있는데요. 다음 네 가지 힌트에서 암석의 이름을 찾아볼까요?

1. 암석의 이름은 세 글자이다.
2. 주성분은 탄산칼슘($CaCo_3$)이다.
3. 시멘트의 원료이다.
4. 초성 힌트는 ㅅㅎㅇ이다.

정답은 석회암입니다. 석회암은 시멘트의 원료로 사용되는 광물자원으로, 주로 패각이나 조개껍데기의 주성분인 탄산칼슘($CaCo_3$)으로 이루어진 퇴적암입니다. 우리나라에서는 시멘트 공장이 들어선 단양이나 정선에 석회암이 많이 매장되어 있는데요. 석회암이 육지에서 채굴된다는 것은 그 지역이 오래전에는 바닷속에 있었다가 융기되었다는 증거입니다. 탄산칼슘을 가진 패각 등의 어패류가 바닷속에서 퇴적되어 석회암이 형성되기 때문입니다.

이러한 석회암의 탄산칼슘($CaCo_3$) 성분이 빗물과 만나서 용식작용을 통해 만들어진 지형을 카르스트지형이라고 합니다. 용식은 공기 중의 이산화탄소가 물속에 녹아서 석회암과 반응할 때 나타나는 현상입니다. 따라서 용식의 원인인 빗물은 하늘에서 떨어지는 비뿐만 아니라 석회암과 반응하는 모든 물을 포함합니다. 빗물의 개념을 잘못 이해하면 용식은 비가 내릴 때만 일어나는 현상이라고 잘못 생각할 수 있으니 주의하세요. 정리하면 빗물은 이산화탄소가 녹아 있는 물이고, 이 빗물이 석회암과 만나 용식작용을 일으키면서 카르스트 지형을 만듭니다.

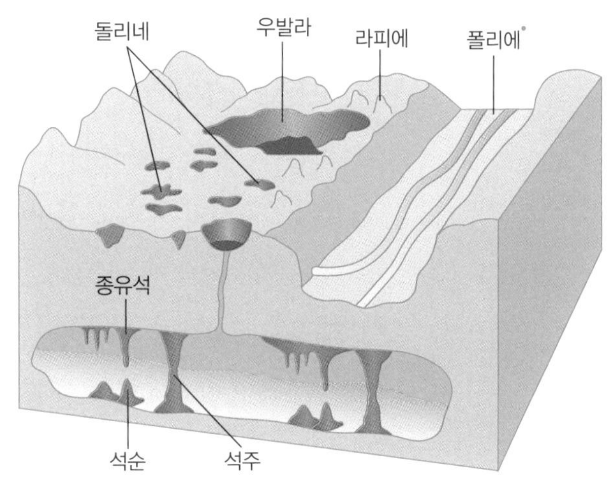

10. 카르스트 지형

지표면에서 석회암이 빗물에 용식되면 깔때기 모양으로 움푹 팬 지형이 나타나는 데 이를 '돌리네' 혹은 '와지'라고 합니다. 돌리네가 합쳐지면 더 큰 와지가 되는데 이를 '우발라'라고 합니다. 그리고 석회암이 용식되면서 남은 철분이나 알루미늄 성분이 공기와 반응하여 흙이 붉게 변하는데, 이런 붉은 흙을 '테라로사'라고 합니다. 돌리네는 배수가 양호하여 주로 밭농사가 이루어집니다. 그러나 석회암 중에 용식되지 않고 꿋꿋하게 버티는 단단한 친구들이 있어요. 아무리 빗물이 흘러내려도 녹지 않고, 남아 있는 돌덩이죠. 이를 '라피에(카렌)'이라고 합니다. 석회암 지대를 걷다가 돌부리에 걸려 넘어지면 라피에가 이렇게 이야기합니다. "야, 나(라) 피해(피에)!"

라피에가 붉은색 테라로사 위로 얼굴을 살짝 들고 있는 모습도 생각할 수 있지만, 물속에서 보란 듯이 위용을 드러내는 경우도 있습니다. 충북 충주 남한강 중앙에는 세 개의 돌탑이 강 위로 돌출되어 있습니다. 이 돌들을 도담삼봉이라고 하는데, 석회암이 용식되지 않고 남아 생긴 라피에입니다.

빗물은 지표면에서 석회암과 반응하여 라피에, 테라로사, 돌리네 등의 지형을 만들고, 땅속으로 스며듭니다. 지하에서도 빗물의 용식작용은 계

폴리에
카르스트 지형에 형성된 긴 함몰지로, 우발라가 합쳐진 지형이다.

속되는데, 빗물에 석회암의 약한 부분이 용식되면서 석회 동굴이 형성됩니다. 물과 석회암이 만나 화학반응을 일으키면 탄산칼슘이 생성되는데, 이 탄산칼슘이 빗물을 따라 지하로 들어가 동굴 천장에 맺히면 고드름 모양의 종유석이 되고, 동굴 바닥부터 침전*되어 땅 위로 자라면 석순이 됩니다. 종유석과 석순! 둘이 만나서 생기는 기둥을 석주라고 합니다. 이렇게 석회 동굴에서 나타난 모든 지형들을 스펠레오뎀이라고 합니다. 하천, 빙하, 파랑, 바람이 침식한 돌이나 흙은 어딘가로 운반되어 퇴적지형을 만듭니다. 깎이는 만큼 다른 곳에 쌓이는 것이죠. 마찬가지로 카르스트지형에서도 용식작용으로 석회암이 녹아서 생성되는 탄산칼슘이 지하에 침전되면서 스펠레오뎀을 만드는 것입니다.

침전
액체 속에 있는 작은 고체가 바닥에 쌓이는 일이다.

육지 섬 '하중도'

남이섬(가평), 여의도(서울), 선유도(서울)에 가본 적 있나요? 이 장소들의 공통점은 무엇일까요? 모두 '섬'이에요. 또한 바다가 아닌 내륙에 있는 섬입니다. 육지에도 섬이 있다는 이야기를 들어본 적이 없다면 지금부터 집중해 주세요. 육지에 있는 섬은 하천 중앙에 위치하고 있어요. 하천에 운반된 물질들이 하천 가운데에 쌓이면서 자연스럽게 만들어지는 것이죠. 한강의 노들섬이나 밤섬도 이렇게 형성된 섬이에요. 이렇게 하천의 퇴적으로 형성된 섬을 바다에 있는 섬과 구별하기 위해 '하천 가운데 있는 섬'이라는 의미로 하중도(河中島)라고 합니다. 하중도는 토지가 비옥하여 벼농사가 주로 이루어지지만, 관광 명소로도 이용되고 있습니다. 육지에도 섬이 있다는 말이 틀린 건 아니죠?

모래 활주로 '사곶 천연 비행장'

백령도는 우리나라 서북단에 위치한 섬입니다. 백령도는 까나리 액젓으로도 알려져 있지만, 심청전에 나온 심청이가 아버지의 눈을 뜨게 하기 위해 자신의 몸을 던진 '임당수'가 있는 곳으로도 추정되고 있습니다.

백령도에는 군용기가 이착륙할 수 있는 활주로가 있습니다. 그런데 이 활주로에는 독특한 점이 있습니다. 바로 아스팔트가 아닌 모래로 이루어져 있다는 사실! 천연 비행장으로 사용된 백령도의 사곶이라는 곳은 모래 알갱이의 크기가 작고, 모래 사이의 틈이 좁아서 단단한 모래층을 형성하고 있는 사빈으로, 무거운 비행기가 이착륙해도 문제가 없었다고 합니다. 전 세계에 천연 비행장은 이탈리아의 나폴리와 백령도의 사곶, 단 두 곳밖에 없다고 하니 얼마나 소중한지 알 수 있겠죠?

그러나 사곶 사빈의 단단한 모래층이 점점 약해지면서 천연 비행장의 모습이 사라지고 있다고 합니다. 사빈 위를 걸으면 발자국이 생길 정도로 모래층이 얇아졌고, 모래를 조금만 파보면 악취가 나는 갯벌 흙이 나온다고 합니다. 이러한 사곶 사빈의 변화는 사빈의 남서쪽에 있는 만을 방조제로 막으면서 일어났다고 합니다. 만 입구에 방조제가 생기면서 조류의 흐름이 변해 사곶 사빈에 들어오는 파랑의 물결이 전보다 약해졌다고 합니다. 그래서 잔잔한 물결에 입자가 작은 점토나 실트가 쌓이면서 사빈을 형성하던 퇴적층이 모래에서 갯벌 퇴적물로 변했기 때문이라고 합니다. 즉, 모래가 쌓여야 할 장소에 갯벌 흙이 쌓이면서 사빈이 갯벌처럼 변하는 것이죠.

백령도 주민들과 환경 전문가들은 세계에서 두 곳밖에 없는 천연 비행장을 보존할 수 있는 유일한 방법은 '역간척'이라고 주장합니다. 역간척이란 갯벌을 바다로 메꾸는 간척사업과 반대로 간척했던 곳을 원래의 지형으로 되돌리는 사업을 의미합니다. 백령호를 만들었던 방조제를 없애고 예전처럼 바닷물이 드나들 수 있도록 만들자는 것이죠. 바닷물이 만으로 들어가게 되면 방조제가 있을 때보다 파랑의 힘이 세지고 조류의 흐름도 달라지면서 사곶 사빈에 갯벌 퇴적물이 아닌 모래가 퇴적되어 사빈의 모래층이 두터워진다는 것입니다. 더 늦기 전에 사곶 천연 비행장을 지속적으로 보존할 수 있는 해법이 나오기를 기대합니다.

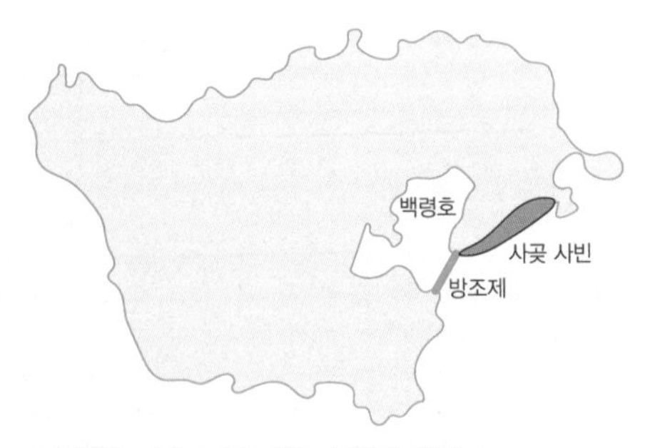

11. 백령도 방조제와 사곶 사빈의 위치

홍수 때 더 돋보인 '터 돋움 집'

2002년 6월, 월드컵이 끝난 그해 여름은 유난히 많이 내린 비와 강한 태풍으로 크게 고생을 했습니다. 당시 군복무 중이었던 저는 비 내리는 아침을 12일째 맞이하고 있었습니다. 그날도 ○○ 지역의 하천 제방이 붕괴되면서 강물이 마을로 흘러들어 인명과 재산 피해가 발생했습니다. 곧 출동을 해야 했죠. 부대원들은 군 전용 트럭을 타고 거대한 호수 옆에 도착했습니다. 호수는 흙탕물을 풀어놓은 듯 갈색 빛깔이었습니다.

보트는 물살을 가르며 호수 반대편으로 이동했습니다. 약 5분쯤 이동했을 때, 호수 한가운데에 길게 늘어진 검은 줄이 보였습니다. 우리가 탄 보트는 속력을 줄이며 천천히 그쪽으로 접근했습니다. 저는 재빠르게 검은 줄을 잡고, 머리 위로 넘기며 지나갔습니다. 그 순간 저는 깨달았습니다. '이건 전깃줄이야.' 그리고 또 한 가지 알게 된 사실은 보트를 타고 건너는 이곳은 호수가 아니라 마을이라는 것이었습니다. 정리하면 저는 물속에 잠긴 마을을 보트로 지나가는 중이었습니다. 보트는 섬 같은 산에 도착했습니다. 보트를 대는 순간 또 한 가지를 알았죠. '해수면이 상승하니 산이었던 이곳이 섬이 되었구나.' 섬이 많아 해안선이 복잡한 리아스식 해안을 왜 침수해안이라고 하는지 깨달았습니다.

마을 사람들은 우리를 보고 기뻐했습니다. 이곳은 지대가 낮아 대부분 물에 잠겼고, 산에 있는 집들만 피해를 입지 않았습니다. 즉, 대부분의 마을이 자연제방보다 지대가 낮은 배후습지에 있었던 것입니다. 하천이 범람하면 매우 취약한 곳이죠. 또한 이 지역을 흐르는 하천 바닥에 퇴적물이 많이 쌓여 하천의 바닥 높이가 마을의 높이와 비슷했습니다. 그래서 홍수의 가능성이 더 높았던 겁니다. 교과서에서는 높이가 높은 순서에 따라 '자연제방 〉 배후습지 〉 하천 바닥' 순서로 배웠는데, 여기는 하천이 운반한 자갈과 모래가 하천 바닥에 오랫동안 퇴적되면서 하천 바닥이 비교적 높았던 것입니다.

이 지역의 마을 주민들은 배후습지에서 벼농사도 짓고, 가축을 키우며 살았습니다. 그런데 오랫동안 내린 비로 하천 양옆에 쌓은 제방이 무너지면서 제방에서 빠져나온 물들이 지대가 낮은 마을로 흘러들어 홍수가 발생했던 것입니다.

우리의 임무는 산기슭에서 마음껏 뛰노는 가축들을 생포하는 것이었습니다. 이 지역 주민들은 닭, 돼지 등을 많이 사육했는데, 홍수가 나자 양계장과 양돈 농장 주인들이 가축들을 방사했던 것입니다. 그러나 그 가축들이 오염된 물을 먹고 전염병을 옮길 수 있다는 불안감 때문에 가축들을 처리해야 했습니다. 또한 물 위에 떠 있는 가축의 사체도 하천을 오염시킬 수 있어서 시급한 처리가 필요했습니다. 가축들 생포와 수거에 열중하고 있을 때 우연히 보트 선착장에서 조금 떨어진 산 아래에 물에 잠기지 않은 집 한 채를 발견했습니다.

집 주변에 있는 가옥들은 창문이나 지붕까지 물이 차올랐는데, 이 집만 유일하게 홍수의 피해를 입지 않았습니다. 비결이 무엇일까요? 바로 집 주인이 집터를 높여 '터 돋움 집'을 지었기 때문입니다. 터의 높이가 얼마나 정확했는지 터 높이까지만 물이 차 있었습니다. 마치 과거에 이 만큼 물이 범람했던 일이 있었음을 암시하듯 터 돋움의 높이가 물의 높이와 거의 일치한 점에 놀랐습니다. 이곳이 범람원이기 때문에 홍수 발생 가능성이 다른 지역보다 높아 하천의 범람으로 인한 재해를 피하기 위해 '터 돋움 집'을 고안한 것입니다. 제가 봤던 터 돋움 집은 지금도 물에 잠기지 않고, 그대로 있겠죠?

Mind Map 핵심 개념 정리하기

지형 형성에 영향을 주는 외적 요인

<table>
<tr><th></th><th colspan="2">침식지형</th><th colspan="2">퇴적지형</th></tr>
<tr><td>파랑이 만든 지형은?</td><td colspan="2">해식애, 해식동
파식대, 시스텍</td><td colspan="2">사빈, 사주
석호, 육계도</td></tr>
<tr><td>바람이 만든 지형은?</td><td colspan="2">버섯 바위</td><td colspan="2">사구</td></tr>
<tr><td>하천이 만든 지형은?</td><td colspan="2">V자곡</td><td>상류
↓
하류</td><td>선상지
범람원
(자연제방, 배후습지, 하중도)
삼각주</td></tr>
<tr><td>빙하가 만든 지형은?</td><td colspan="2">호른
U자곡</td><td colspan="2">모레인
에스커</td></tr>
<tr><td rowspan="3">빗물이 만든 지형은?</td><td colspan="2">빗물 + 석회암 =</td><td colspan="2">용식작용</td></tr>
<tr><td rowspan="2">석
회
암</td><td colspan="4">지상: 라피에, 돌리네, 폴리에, 테라로사(적색토)</td></tr>
<tr><td colspan="4">지하: 석회동굴, 종유석, 석순, 석주</td></tr>
</table>

2부

기후와 인간 생활

오늘 날씨는 화창하고 따뜻했는데, 내일 날씨는 어떨까요? 대기 상태는 항상 변하기 때문에 내일 날씨는 오늘과는 또 다를 겁니다. 그러나 봄에는 대체로 따뜻하고, 겨울에는 대체로 추워지는데, 이렇게 나타나는 일정한 대기 현상을 '기후'라고 합니다. 이번 장에서는 지역에 따라 기후가 달라지는 이유를 살펴보겠습니다.

3장

기후와 기후요소

05

기후란 무엇일까?

- 날씨와 기후의 차이점을 설명할 수 있다.
- 쾨펜이 구분한 기후 이름을 말할 수 있다.

날씨와 기후

아침에 일어나자마자 일기예보를 확인하는 친구 있나요? 우리는 언제든지 인터넷이나 앱을 이용해 자세한 기상 상황을 실시간으로 확인할 수 있습니다. 하루의 기온과 강수의 변화를 알 수 있어서 외출 전에 날씨에 맞는 옷차림을 하는 데 유용합니다. 심지어 지역마다 비가 내리고 그치는 시간까지 알 수 있어서 하늘을 보면서 우산 준비를 고민할 필요도 없어졌어요. 이처럼 매일 변하는 대기 상태를 '날씨'라고 합니다.

그런데 이렇게 매일 제공되는 날씨 정보와 상관없이 우리나라 사람들은 겨울에는 두꺼운 옷을 입고, 여름에는 통풍이 잘 되는 얇은 옷을 입습니다. 또한 겨울에는 스키나 눈썰매를 타고, 여름에는 시원한 계곡이나 바닷가에 가서 물놀이를 즐깁니다. 왜 계절에 따라 생활 모습이 다를까요? 그건 계절에 따라 '기후'가 다르기 때문입니다. 겨울에는 찬바람이 불면서 기온이 낮아지고 때로는 눈이 내리기도 합니다. 겨울철에도 비교적 기온이 따뜻한 날이 있지만 대부분 기온이 낮습니다. 우리나라의 겨울 날씨는 매일 다르지만, 대체로 기온이 낮은데 이러한 날씨의 평균적인 상태를 '기후'라고 합니다.

날씨와 기후의 차이점을 더 자세히 알아볼게요. 지금은 여름입니다. 어제는 서울의 기온이 34도까지 올라갔습니다. 오늘은 하루 종일 비가 내려 최고 기온이 25도였고, 내일은 기온이 36도까지 올라가는 무더위가 나타난다고 합니다. 이렇게 매일 달라지는 기상* 변화가 날씨이고, 여름철의 고온 현상은 기후입니다.

우리가 날씨와 기후의 개념을 제대로 이해했는지 확인해 볼까요? 먼저, 2023년 1월 2일에 하는 한 모녀의 대화를 읽어 보고 엄마와 딸이 각각 옷을 고르는 기준은 무엇이지 한번 생각해 봐요.

엄마 오늘 뭐 입고 나갈 거니?

딸 오늘 일기예보에서 낮 기온이 영상 10도까지 올라간다고 했으니까 봄옷을 한 번 입어 볼까 하고요. 작년에 산 노란색 봄 원피스요.

엄마 겨울인데, 무슨 봄옷이야. 두껍게 입고 나가. 그러다 감기 걸려.

딸 낮 기온이 10도까지 올라간다고 일기예보에서 들었어요.

엄마 그래도 겨울은 겨울이야. 두껍게 입고 가.

여기에서 엄마와 딸이 각각 옷을 고르는 기준은 무엇일까요? 대화에서 딸은 날씨를 기준으로, 엄마는 기후를 기준으로 옷을 고르고 있습니다. 이

* 기상
대기 중에 일어나는 현상. 비, 구름, 눈, 바람, 기온 등이다.

제 날씨와 기후의 차이를 확실히 이해할 수 있겠죠?

거기 날씨는 어때? 거기 기후는 어때?

동남아시아로 해외여행을 가기 전에 꼭 확인할 것이 있습니다. 바로 현지의 기상 상황입니다. 그러면 그 지역의 날씨와 기후 중에서 먼저 확인해야 할 것은 무엇일까요? 조금 어렵다고요? 그렇다면 아이스크림 이야기를 읽고 생각해 봅시다.

아이스크림을 사러 마트에 갔습니다. '오늘은 어떤 아이스크림을 먹을까?'라는 생각에 흐뭇한 미소를 지으며 아이스크림이 들어 있는 냉장고 안을 보았습니다. 아이스크림 종류가 많아서 기분이 더 좋아지는군요. '오늘은 초코 아이스크림이 먹고 싶네. 어떤 초코 아이스크림을 먹을까?'

아이스크림 포장지를 초코색으로 디자인한 것부터 아이스크림 이름에 초코가 들어간 것까지 종류가 많아서 고르기가 힘들 정도네요. 고민 끝에, 드디어 결정의 시간. 냉장고 문을 열고, 초코를 듬뿍 넣은 아이스크림을 꺼내며 말했습니다. '오늘은 초코 이름이 들어간 이걸 먹어 보겠어.' 계산을 하고, 마트 문을 나오자마자 포장지를 뜯고, 입에 쏙. 그런데 기본적으로는 초코 맛이지만 이 아이스크림은 그동안 먹었던 초코 아이스크림과 약간 다르게 느껴집니다.

갑자기 초코 아이스크림 이야기를 꺼낸 이유는 기후와 날씨를 설명하기 위해서입니다. 앞에서 '동남아시아로 해외여행을 가기 전에 현지의 기후와 날씨 중에서 어떤 것을 먼저 확인하면 좋을까?'를 질문했는데, 이는 우리가 초코 아이스크림을 고르는 상황과 비슷합니다. 앞에서 어떤 아이스크림을 골랐었죠? 초코 아이스크림이었죠. 만약 아이스크림 냉장고 안에 초코 아이스크림 5종류가 있었다면, 각각의 아이스크림들이 '초코 맛'을 공통적으로 가지고 있어도 맛은 다섯 종류 모두 각각 다릅니다. 따라서 초코 맛은 아이스크림의 종류에 상관없이 느껴지는 공통의 특징으로 '기후'에 해당하고, 각각의 아이스크림이 가지고 있는 맛은 '날씨'와 같습니다. 정리하면 기후는 공통적으로 일정하지만, 날씨는 달라질 수 있다는 것을 의미합니다.

다시 한 번 더 질문합니다. 만약 동남아시아로 해외여행을 떠난다면 현지의 기후와 날씨 중에서 어떤 것을 먼저 확인하면 좋을까요?

다음은 여행사 직원과 나눈 가상의 대화입니다.

나 6월에 베트남 하노이로 가족 여행을 가는데, 하노이 날씨가 어때요?

가이드 베트남에 체류하는 기간이 어떻게 되나요?

나 6월 20일부터 6월 25일이요.

가이드 아직 5월이라서 그 주의 날씨는 6월 10일 정도에 알 수 있습니다. 나중에 다시 전화주세요.

이런 대화를 했겠죠? 하노이의 날씨를 물었더니 원하는 정보를 얻지 못하고 대화가 끝났습니다. 만약 기후에 대해 물어보면 어떻게 되었을까요?

나 6월에 베트남 하노이로 가족 여행을 가는데, 하노이 기후가 어때요?

가이드 베트남 하노이는 열대몬순기후 지역이에요. 그래서 여름에는 기온이 높고 비도 많이 내려요.

나 아, 그럼 얇은 옷과 우의를 준비해야겠군요.

가이드 우의가 없으면 현지에서 '논'을 쓰셔도 됩니다.

나 그럼, 6월 20일부터 6월 25일까지 날씨는 어떨까요?

가이드 아직 5월이라서 그 주의 날씨는 6월 10일이나 되어야 정확하게 알 수 있어요.

기후에 대해 물었더니 여름옷을 준비해야 한다는 것과 혹시 모르니 우산이나 우의를 반드시 준비해야 한다는 것을 알게 되었습니다. 그리고 베트남 사람들이 쓰고 다니는 삼각뿔 모양의 모자(논)는 비가 많이 내리는 베트남 지역의 문화라는 것도 보너스로 알 수 있지요. 이제 기후와 날씨에 대해 정확하게 알았죠? 앞으로 해외여행을 가기 전에 기후를 통해 그 나라의 기상 상태를 스케치하고, 기후에 영향을 받은 문화는 무엇인지 생각하면 더 재밌는 여행을 즐길 수 있습니다.

쾨펜은 기후를 어떻게 구분했을까?

블라디미르 쾨펜은 독일의 지리학자로, 전 세계의 다양한 기상 현상을 크게 5가지 기후로 구분했습니다. 쾨펜의 노력으로 덥고 습한 지역은 열대기후, 북극곰들이 사는 추운 지역은 한대기후, 사막처럼 매우 건조한 지역은 건조기후라고 부르게 되었어요. 쾨펜 덕분에 우리나라의 중부와 남부 지방은 온대기후 지역, 북부지방은 냉대기후 지역으로 정리할 수도 있어요. 어떤가요? 단어 하나에 자연 현상이 담길 수 있다는 게 신기하죠?

쾨펜은 누구도 시도하지 않은 일에 도전했습니다. 전 세계의 기후를 찾아 비슷한 현상끼리 묶고 기후의 이름을 짓는 데에 노력을 했습니다. 우리도 쾨펜의 도전을 따라해 볼까요? 쾨펜의 도전은 전 세계에서 만들어지는 아이스크림을 종류별로 모아서 맛에 따라 구분하는 작업과 비슷합니다. 우선 전 세계에서 생산되는 아이스크림을 종류별로 수집합니다. 그리고 비슷한 맛을 가진 아이스크림끼리 분류합니다. 아래의 표처럼 맛에 따라 아이스크림을 그룹별로 묶는 것이죠. 각각의 아이스크림을 날씨라고 한다면 맛이 비슷한 아이스크림 그룹을 기후라고 할 수 있습니다. 이러한 방식으로 쾨펜은 열대, 건조, 온대, 냉대, 한대기후를 기본으로 기후를 구분했습니다.

쾨펜의 기후 구분을 이해하면 다양한 사람들의 생활 모습을 이해하는 데 도움이 됩니다. 사막 지역의 사람들이 왜 긴 옷을 입는지, 중국의 사천 탕수육은 왜 매콤한지, 극지방에서 왜 개나 양이 아닌 순록을 키우는지 등등 지역마다 다른 문화의 특징들을 이해할 수 있습니다. 또한 각 지역의 문화를 1부에서 배웠던 지형적 요인과 함께 이해하면 자연환경이 인간 생활에 미친 영향을 종합적으로 이해할 수

상품	아이스크림 맛		쾨펜의 기후 구분
○○피지, ○○바, ○○콘 …	초코맛	➜	열대기후
○○바, ○귤, ○○선 …	오렌지맛	➜	건조기후
○○바, ○○포, ○○○리 …	포도맛	➜	온대기후
○○○트, ○○바 …	바닐라맛	➜	냉대기후
○○○바, ○○쿠 …	딸기맛	➜	한대기후
↓	↓		
날씨	기후		

1. 쾨펜의 기후 구분

있습니다. 지형과 기후 등의 자연환경이 인간의 생활양식에 영향을 주었고, 그러한 생활양식이 오랫동안 굳어져 문화가 되었기 때문입니다.

그런데 쾨펜은 무엇을 보고 기후를 정리할 계획을 세웠을까요? 전 세계 모든 도시의 연평균 기온과 강수량을 측정해서 유사한 지역끼리 묶어서 기후를 구분했을까요? 그건 너무 힘들어요. 쾨펜은 각 지역마다 다른 나무나 풀의 모습, 즉 식생을 보고 기후가 미치는 영향을 관찰했습니다. 우리 주변에 있는 풀과 나무의 모습이 기후 그래프보다 더 정확한 자료였던 셈이죠. 예를 들면, 제주공항에 도착하면 눈에 띄는 나무가 있습니다. 제주도에 왔다는 것을 실감나게 해주는 나무, 바로 야자수예요. 야자수는 따뜻한 지역에서 자라는 난대성 식물로 서울에서는 보기 어려운 식생이죠. 따라서 야자수를 보는 순간 제주도의 기후가 서울과 다르다는 걸 알 수 있습니다. 이렇게 쾨펜은 각 지역의 식생을 통해 세계의 기후를 구분했습니다.

나뭇잎의 모양에 따라 잎이 넓적한 활엽수와 뾰족한 침엽수로 나무의 종류를 나눌 수 있습니다. 우리나라의 가로수로 많이 사용되는 은행나무, 플라타너스는 활엽수입니다. 활엽수는 기온이 높은 열대기후나 온대기후 지역의 식생입니다. 반대로 침엽수는 잎이 바늘처럼 뾰족한 소나무가 대표적입니다. 침엽수는 기온이 낮은 냉대기후 지역에 주로 분포합니다. 이렇게 식생에 따라 기후를 구분할 수 있습니다. 이 외에도 열대기후, 온대기후, 냉대기후 지역에만 나무가 분포하고, 건조기후와 한대기후 지역은 나무가 자라지 않는 '무수목지대'라는 것도 알 수 있습니다.

2. 활엽수와 침엽수

그럼, 우리나라에는 어떤 나무들이 자라고 있을까요? 잎이 넓적한 활엽수와 잎이 뾰족한 침엽수를 함께 볼 수 있죠. 그 이유는 우리나라가 열대기후와 냉대기후의 중간 지대인 온대기후 지역에 해당하기 때문입니다. 잎이 뾰족한 침엽수와 잎이 넓은 활엽수가 섞인 식생 분포를 '혼합림'이라고 합니다. 이렇게 기후에 따라 식생이 다르기 때문에 식생의 분포를 알면 그 지역의 기후를 파악할 수 있습니다. 그럼, 쾨펜의 탐구 방법을 사용해 다음 퀴즈를 풀어 볼까요?

Q 어느 날 TV에서 나뭇잎으로 집을 짓고 사는 원주민들에 대한 다큐멘터리를 보았습니다. 프로그램 중간부터 보기 시작해 원주민들이 사는 곳이나 지역의 기후에 대한 설명을 듣지 못했는데, 원주민들이 살고 있는 지역의 기후를 어떻게 알 수 있을까요?

원주민들이 나뭇잎을 이용해 옷을 만들고, 나뭇잎으로 만든 집에서 생활하는 모습을 보았다면 원주민들이 사는 주변 지역에 활엽수가 있다는 것을 의미합니다. 활엽수는 열대기후나 온대기후에 분포하는데, 온대기후보다 열대기후의 잎이 훨씬 큽니다. 바나나 잎과 은행나무 잎을 비교해 보면 알 수 있습니다. 바나나 잎이 훨씬 넓고 크죠. 따라서 원주민들은 열대기후 지역에 살고 있다는 것을 추측할 수 있습니다.

이렇게 기후는 식생에 영향을 주고, 인간은 기후와 식생이 만든 환경에 적응하며 살아왔습니다. 식생을 통해 기후를 알 수 있는 것처럼 기후와 식생에 적응해 온 인간의 생활양식인 문화를 통해서도 그 지역의 기후를 알 수 있습니다. 앞으로 기후의 특징과 식생 그리고 인간의 생활 모습을 통해 지구상에 존재하는 다양한 삶의 모습을 경험했으면 좋겠습니다. 책을 보다가 마음에 드는 곳이 생기면 꼭 가보세요.

기후요소란 무엇일까?

기후의 개념을 이해했으니, 이번에는 기후요소에 대해 알아볼까요? 기후요소는 기후를 구성하는 기온, 강수량, 바람, 습도, 증발량 등으로, 기후의 특징을 결정하는 요인입니다. 기후요소 중에서 가장 대표적인 기온, 강수량, 바람을 기후의 3요소라고 합니다. 기후의 종류를 구분할 때 많이 사용되니 꼭 알아두세요. 각 지역의 기후 특징은 기온과 강수량 정보가 담겨 있는 기후 그래프를 통해 알 수 있습니다.

아래의 자료는 하노이(베트남)와 서울(한국)의 기후 그래프입니다. 가

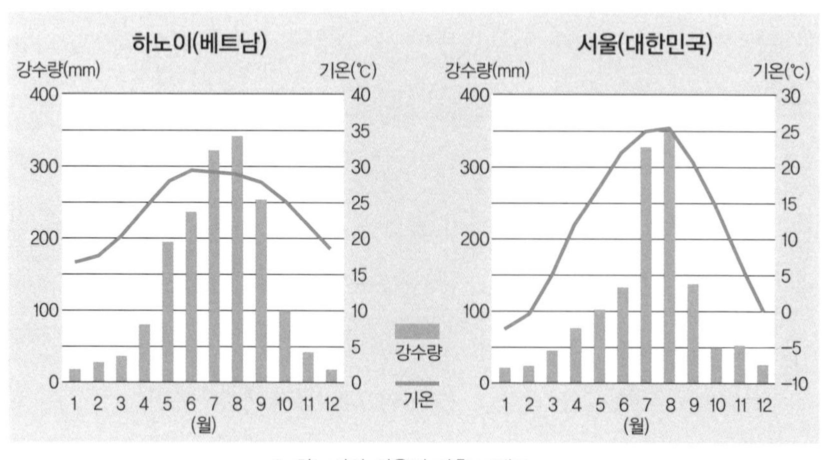

3. 하노이와 서울의 기후 그래프

로축은 1월부터 12월까지를 나타냅니다. 세로축은 기온(℃)과 강수량(mm)입니다. 기후 그래프에서 기온 변화는 꺾은선으로 표시하고, 강수량은 막대그래프로 나타냅니다. 하노이의 겨울(1, 2월) 기온은 약 18~20℃로 우리나라(0~3℃)보다 높습니다. 또한 하노이에는 4월부터 10월까지 비교적 많은 비가 내리지만, 11월부터 3월까지는 비가 적게 내립니다. 이처럼 비가 많이 내리는 시기를 '우기', 비가 적게 내리는 시기를 '건기'라고 합니다. 기후 그래프를 통해 하노이의 기후는 '연중 기온이 높고, 건기와 우기가 나타난다'라고 정리할 수 있습니다.

이번에는 하노이와 서울의 기후 그래프를 비교해 두 지역의 공통점과 차이점을 찾아보세요. 찾으셨나요? 두 지역의 공통점은 여름철 강수량이 겨울철보다 많다는 것, 차이점은 베트남의 겨울 기온이 서울보다 높다는 것입니다. 관찰한 내용을 바탕으로 다음과 같이 탐구형 질문을 만들어 보면 어떨까요?

관찰 탐구

(차이점) 하노이는 서울보다 겨울철 평균 기온이 높다.

(공통점) 하노이와 서울은 겨울철보다 여름철 강수량이 많다.

탐구 질문

(차이점) Q. 왜 하노이가 서울보다 겨울철 평균 기온이 높을까?

(공통점) Q. 왜 하노이와 서울의 강수량은 겨울철보다 여름철에 많을까?

이렇게 질문을 만들었으니 이제 정답을 찾는 일만 남았죠. 정답은 다음에 나오는 〈06. 기후에 영향을 주는 요인은 무엇일까?〉에서 알아보도록 하겠습니다. 곧 만나요.

이상기후란 무엇일까?

'이상기후'를 포털 사이트에 검색했더니 화면에 기후변화, 폭염, 태풍 등의 단어가 눈에 띕니다. 요즘에는 해수면 상승, 지구촌 곳곳에서 발생하는 홍수, 가뭄 등의 자연재해를 이상기후의 예로 듣게 되는데요. 이상기후의 의미는 무엇일까요? 서남아시아에 위치한 이란은 건조기후 지역입니다. 이란은 기온이 높고, 강수량이 적은 기후 특징이 나타납니다. 그런데 이란에 폭설이 내리고 눈이 쌓일 수 있을까요? 아프리카 사바나 지역은 건기와 우기가 뚜렷한 열대기후 지역입니다. 그런데 우기 때 비가 내리지 않을 수 있을까요? 요즘 이러한 기후변화가 세계 곳곳에서 관찰되고 있습니다. 이처럼 기후의 정상 범위를 벗어난 기상현상을 이상기후라고 합니다.

우리나라에서도 이러한 이상기후 현상이 발생하고 있습니다. 우리나라는 사계절이 뚜렷하고, 서울의 겨울철 평균 기온은 -3°를 내려가지 않은 온대계절풍기후입니다. 그런데 가끔 기온이 -10°를 내려가는 날이 있어요. 하루 이틀 정도는 일시적으로 기온이 크게 낮아질 수 있는데, 5일 혹은 10일 동안 -10°의 기온이 지속되는 건 우리나라의 기후 범위를 벗어난 이상기후 현상으로 볼 수 있습니다. 또한 장마철에 비가 내리지 않거나 겨울철에 제주도에서도 낮 기온이 며칠 동안 20도를 넘는 것도 이상기후 현상입니다.

우리 몸이 정상 체온보다 높으면 '몸이 아프다'고 느끼는 것처럼 이상기후 현상은 '지구가 아프다'는 신호로 해석할 수 있습니다. 이상기후 현상이 발생하면 기후가 정상적인 범위를 벗어나 있어 기후 변화를 예측하기 어렵습니다. 예를 들어 사바나기후 지역의 우기에 비가 내리지 않아 오랫동안 가뭄이 지속되어 풀과 관목이 자라지 못하거나, 여름이 고온 건조한 지역에 며칠간 내린 폭우로 인해 홍수가 발생하는 등 예상치 못한 이상기후로 인한 피해는 결국 인간에게 돌아옵니다. 소중한 지구, 우리가 어떻게 지켜야 할까요?

전설의 한국인

중국과 네팔, 인도, 부탄, 파키스탄의 경계를 이루는 히말라야산맥은 인도 북부의 북서쪽에서 남동쪽으로 뻗은 습곡산맥입니다. 히말라야산맥은 알프스히말라야 조산대에 위치해 지각판의 이동으로 지금도 1년에 조금씩 높아지고 있다고 합니다. 한편 히말라야산맥을 만든 판과 판의 움직임은 산맥 너머에 높고 비교적 경사가 완만한 고원을 만들었는데, 바로 '티베트고원'입니다. 히말라야산맥에는 세계에서 가장 높은 에베레스트산이 있고, 에베레스트 정상부는 항상 눈과 얼음으로 덮여 있습니다.

에베레스트산은 북위 27°에 위치하고 있습니다. 위도상 열대기후에 해당하지만 산 정상으로 올라갈수록 해발고도의 영향으로 기온이 내려갑니다. 대체로 해발고도가 100m씩 올라갈 때마다 기온이 0.4℃~0.6℃씩 내려가지요. 에베레스트 정상 주변에서 항상 눈과 얼음을 볼 수 있을 정도면 에베레스트 산의 해발고도는 매우 높겠죠? 에베레스트 산의 해발고도는 약 8,844m로 알려져 있습니다. 대단하죠?

에베레스트에서 확인되지 않은 미스터리가 두 가지 있습니다. 그중 하나는 이곳에 120cm의 키에 온몸에 검은 털이 난 설인이 살고 있다는 이야기입니다. 설인은 두 발로 걷고, 번개처럼 빠르며 행동이 민첩해서 사람이 나타나면 금세 어디론가 사라진다고 합니다. 믿기 어려운 이야기지만 실제로 설인을 봤다고 주장하는 사람들도 있습니다. 이러한 설인에 대한 궁금증은 전 세계 탐험가와 학자들에게 흥밋거리를 제공했습니다. 많은 사람들이 에베레스트 주변에 잠복해 설인을 찾기 위해 노력했죠. 그러나 현재까지의 관찰 결과로는 설인이 그곳에 살고 있는 여우나 원숭이일지도 모른다는 것입니다. 여러분의 생각은 어떤가요?

두 번째 미스터리는 '포켓몬 고' 게임 유저가 캐릭터를 잡기 위해 에베레스트산에 올라갔다는 이야기입니다. 게임 '포켓몬 고'가 선풍적인 인기를 끌었을 때, 어렸을 때부터 포켓몬스터 캐릭터 모으기에 취미가 있었던 '한국인' 김○○ 씨는 포켓몬 고에 등장하는 '프리져'가 에베레스트산에 있다는 제보를 받고, 에베레스트산에 올랐습니다. 오직 '프리져'를 잡고야 말겠다는 의지로 며칠 동안 에베레스트 눈 위에서 잠을 자고, 오르기를 반복한 끝에 드디어 에베레스트 산에 도착했습니다. 감격에 휩싸인 자세로 오른손에 태극기 대신 휴대폰을 들고, 눈 앞에 펼쳐진 아름다운 설경을 보며 포켓몬 고를 들어올리는 순간…

'이 지역은 서비스 지역이 아닙니다.'

화면 속에는 자신의 캐릭터만 있고, 아무것도 표시되지 않아 결국 프리져는 커녕 고라파덕도 잡지 못했다면서 안타까워했습니다. 오직 '프리져'를 잡기 위해 에베레스트에 도전한 김○○ 씨. 결과는 안타깝지만 에베레스트 정상에 오르겠다는 그의 도전은 성공했죠?

삐딱한 지구

지구의 기후는 대체로 적도에서 고위도로 갈수록 열대기후 – 건조기후 – 온대기후 – 냉대기후 – 한대기후 순으로 나타납니다. 다음의 표는 각 기후에 따라 예상되는 반응입니다. 이 중에서 기온이 가장 높은 기후는 무엇일까요? 정답은 건조기후입니다. 왜 그럴까요? 적도 주변부에 태양의 일사량이 가장 많아 기온이 제일 높을 것 같은데 왜 건조기후의 기온이 더 높을까요? 그 이유는 지구의 기울어

각 기후의 여름철과 겨울철 기온

기후	여름철 기온	겨울철 기온
열대기후	아, 더워	아, 더워
건조기후	앗, 뜨거워	앗, 뜨거워
온대기후	더워	추워
냉대기후	서늘해	너무 추워
한대기후	추워	너무너무 추워

진 각도 때문입니다.

지구는 타원형입니다. 공처럼 완전히 동그랗게 생기지 않았다는 의미죠. 또한 지구는 북극에서 남극까지 이어진 '자전축'을 중심으로 하루에 한 바퀴씩 서쪽에서 동쪽으로 도는 데, 이를 '자전'이라고 합니다. 낮과 밤이 바뀌는 것은 지구의 자전 때문입니다. 지구에서 태양이 비치는 지역은 낮이 되고, 태양과 반대편에 있는 지역은 밤이 됩니다. 지구가 돌면서 낮이었던 곳이 점점 어두워져 밤이 되고, 밤이었던 곳이 서서히 밝아지면서 아침이 되는 것이죠.

지구의 자전축은 23.5도 기울어져 있습니다. 따라서 태양의 일사량이 가장 많

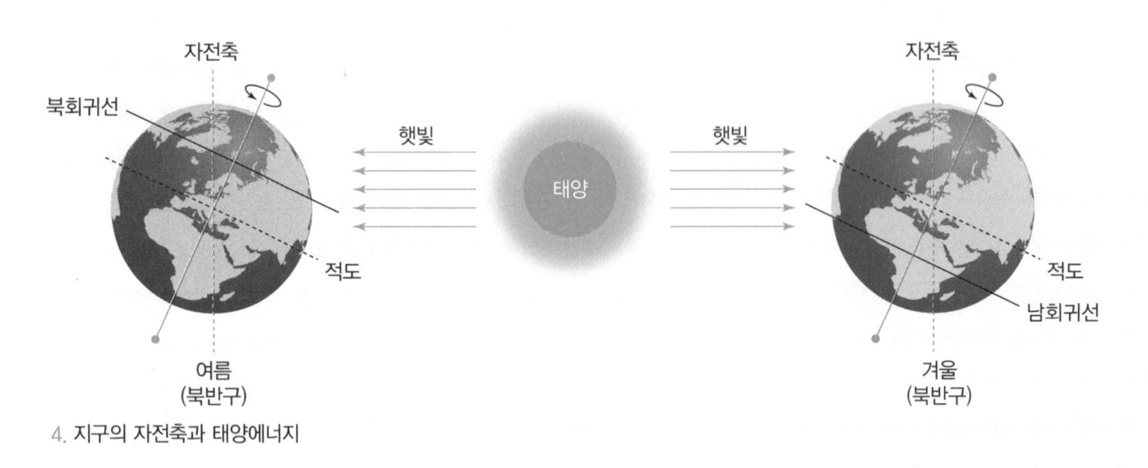

4. 지구의 자전축과 태양에너지

은 지역은 자전축이 기울어진 만큼 적도와 떨어진 곳입니다. 만약 자전축이 기울어지지 않았다면 적도에 도달하는 태양에너지의 양이 가장 많았겠지만, 자전축이 기울어져 위도가 23.5°만큼 떨어진 곳에 태양빛이 가장 강하게 들어오게 된 것입니다. 북반구°에서 적도로부터 23.5° 떨어진 지역에 그은 선을 북회귀선, 남반구°에서는 적도에서 23.5° 떨어진 지역을 그은 선을 남회귀선이라고 합니다. 따라서 북회귀선과 남회귀선 주변 지역에서는 태양의 일사량이 많기 때문에 강수량보다 증발량이 많아 사막과 같은 건조기후°가 나타납니다.

우리가 기후 지역을 지도에서 정확하게 확인하려면 지도를 23.5° 기울여서 봐야 합니다. 그런데 지도를 기울여서 볼 필요가 없습니다. 지도에 지구 자전축의 기울기만큼 적도에서 위도가 23.5° 떨어진 곳에는 북회귀선과 남회귀선을 표시했기 때문입니다. 이제 건조기후가 어느 지역에서 나타나는지 지도에서 팍! 찍을 수 있겠죠?

북반구
적도를 기준으로 지구를 나누었을 때, 적도의 북쪽 부분이다.

남반구
적도를 기준으로 지구를 나누었을 때, 적도의 남쪽 부분이다.

건조기후
건조기후는 남·북회귀선 주변에서만 분포하는 것은 아니다. 뒤에 나오는 해류와 수륙분포의 영향으로도 형성된다.

북반구와 남반구의 계절은 반대라고요

○○○○년 8월, M 방송사에서 「무한도전」 뉴질랜드편이 방송되었습니다. 「무한도전」은 출연자들이 불가능할 것 같은 어려운 미션을 수행하면서 시청자들에게 웃음을 주는 예능 프로그램입니다. 그날 방송은 「무한도전」 멤버들이 뉴질랜드의 설경에서 촬영한 3주짜리 방송 중 첫 번째 영상이었습니다. 무한도전의 뉴질랜드 편은 멤버들이 인천 공항에 모이는 모습부터 비행기로 이동해 뉴질랜드 현지에 도착해 촬영을 마친 뒤 한국으로 돌아오는 2박 3일의 모습을 보여 주는 것이

었습니다.

인천 공항에 모이기로 했던 멤버들은 반팔과 반바지 차림이었습니다. 카메라가 공항의 모습을 간간히 비췄을 때에도 대다수의 사람들이 가벼운 옷차림을 하고 있었습니다. 촬영은 6~7월쯤에 한 걸로 추측됩니다. 방송을 보면서 '맴버들이 시청자들에게 웃음을 주기 위해서 일부러 옷을 가볍게 입었나?' 하고 생각했습니다. 왜냐하면 뉴질랜드는 남반구에 위치해 우리나라와 계절이 반대이기 때문입니다. 그렇게 멤버들이 모두 모이자 비행기를 타고 뉴질랜드로 출국하는 장면이 나왔습니다.

무한도전 팀은 뉴질랜드 남섬에 있는 퀸스타운에 도착할 계획이었습니다. 그러나 폭설로 공항이 폐쇄되어 뉴질랜드 남쪽 끝에 있는 인버카길 공항에 내렸습니다. 다들 정신없이 잠만 자느라 덜 깬 눈으로 공항을 빠져나와 카메라 앞에 선 모습이었습니다. 숨을 쉴 때마다 입김이 보이자 멤버들은 꿈이 아닌지 의심을 하면서 연신 '추워', '너무 춥다'를 외칩니다. 인천 공항에서 입고 있었던 반팔 티셔츠 위에 얇은 점퍼를 껴입은 것 외에 여전히 반바지를 입은 건 똑같습니다. 시작부터 무한 도전이 시작된 듯한 느낌이었습니다.

북반구와 남반구는 계절이 반대입니다. 해외여행을 갈 때에는 그 지역이 어디에 있는지 확인해야 합니다. 물론 남반구에 있는 열대기후 지역으로 여행을 간다면 계절에 따라 기온차가 크지 않기 때문에 적응에 큰 문제가 없겠지만, 개그맨을 꿈꾸는 친구가 아니라면 '북반구와 남반구는 계절이 반대'라는 것쯤은 알고 있어야 하지 않을까요? 지금도, 여전히, 진짜, 정말, 무한도전 멤버들이 뉴질랜드의 계절을 모르고 반팔과 반바지를 입은 건지, 아니면 웃기려고 일부러 설정을 했던 것인지 궁금합니다. 나중에 무한도전 멤버들을 만나면 꼭 물어봐야겠어요.

Mind Map 핵심 개념 정리하기

각 기후의 기온과 강수량 특징

		기온	강수량
A (열대기후)	Af (열대우림기후)	최난월* 평균 기온 18℃ 이상	연중 다우
	Am (열대계절풍기후)		짧은 건기, 긴 우기
	Aw (사바나기후)		건기와 우기 뚜렷
B (건조기후)	BS (스텝기후)	·	연강수량 250~500mm
	BW (사막기후)		연강수량 0~250mm
C (온대기후)	Cs (지중해성기후)	최한월* 평균 기온 –3℃ 이상	여름: 건조 겨울: 습윤
	Cfb (서안해양성기후)		연중 강수량이 고르게 분포함
	온대계절풍기후		여름: 다우 겨울: 건조
D(냉대기후)		최난월 평균 기온 10℃ 이상	·
E (한대기후)	ET (툰드라기후)	최난월 평균 기온 0~10℃	·
	EF (빙설기후)	최난월 평균 기온 0℃ 미만	·

- 최난월 가장 따뜻한 달(여름)이다.
- 최한월 가장 추운 달(겨울)이다.
- 이 책에서 Cw(온대 동계 건조기후), Cfa(온난습윤기후)는 온대계절풍기후로 한다.

06 기후에 영향을 주는 요인은 무엇일까?

- 기후요인의 종류를 알 수 있다.
- 기후요인이 기후에 미치는 영향을 설명할 수 있다.

위도

지역에 따라 기후가 다른 이유는 기후요인의 영향 때문입니다. 기후요인이란 기후요소(기온, 강수량, 바람 등)에 영향을 주는 요인으로 위도, 수륙분포, 해류, 해발고도, 지형 등이 있습니다. 기후의 지역 차가 발생하는 이유는 지역에 따라 기후에 영향을 주는 기후요인이 다르기 때문입니다. 이전에 살펴보았던 〈05. 기후란 무엇일까?〉의 마지막 부분에 남겨 두었던 질문을 탐구해 볼까요? 첫 번째 질문입니다.

Q 왜 하노이가 서울보다 겨울철 평균 기온이 높을까?

질문을 보고, '나라가 다르니까 당연히 기후도 다르지', '하노이가 서울보다 인구가 많아서 열기가 많이 방출되기 때문에 따뜻하지' 등 다양한 대답을 생각했다면 당신은 핵인싸! 물론 정답과 거리가 있지만, 다양한 추측과 시도는 자신의 지적 성장을 위해 좋습니다. 책을 다 읽을 때까지 그렇게 꾸준히 시도해 보세요.

위 질문에 대한 답을 찾기 위해서는 기후에 영향을 미치는 첫 번째 요인인 '위도'의 개념을 알아야 합니다. 위도란 적도를 기준으로 위치가 얼마나 떨어졌는지를 나타내는 각도예요. 지구의 한가운데를 지나는 적도는 위도 0°입니다. 적도에서 극(북극, 남극)으로 갈수록 적도와 이루는 각도가 점점 커지다가 북극과 남극에서 적도와 90°를 이루게 됩니다. 이렇게 적도와 이루는 각도가 위도이고, 위도는 0°~90° 사이에 있습니다. 다만 적도를 기준으로 지구의 북쪽과 남쪽을 나누어서 적도 위쪽을 북반구, 남쪽을 남반구라고 하고, 북반구에서의 위도를 '북위', 남반구에서의 위도를 '남위'라고 합니다. 그래서 북위는 0°N~90°N, 남위는 0°S~90°S로 표시합니다. 우리나라의 위도는 북위일까요? 남위일까요?

1. 하노이와 서울의 위치

그림1에서 서울과 하노이는 적도 위쪽인 북반구에 있으므로 모두 북위에 해당합니다. 하노이의 위도는 북위 21°(21°N), 서울은 북위 37°(37°N)입니다. 위도상으로 하노이가 서울보다 저위도에 있어 적도에 더 가깝습니다. 적도에 가까울수록 태양에너지가 지표면에 더 많이 도달하기 때문에 연평균 기온이 더 높습니다. 따라서 하노이가 서울보다 겨울철 기온이 높은 이유는 하노이가 서울보다 저위도에 위치하기 때문에, 혹은 하노이가 서울보다 적도에 가깝기 때문입니다. 그러므로 두 지역의 겨울 기온 차에 영향을 준 기후요인은 '위도'입니다.

반대로 적도에서 고위도로 갈수록 기온 분포는 어떻게 달라질까요? 대체로 고위도 지역에 위치할수록 기온이 낮아집니다. 왜냐하면 적도에서 극지방으로 갈수록 지표면에 도달하는 태양에너지의 양이 줄어들기 때문입니다. 그럼, 모스크바와 서울 중 겨울철 기온이 더 높은 곳은 어디일까요?

다음의 자료2를 보면, 모스크바의 위도는 55°N, 서울은 37°N입니다. 모스크바가 서울보다 고위도 지역에 위치해 모스크바의 기온이 서울보다 낮다고 예측할 수 있습니다. 모스크바에 가려면 서울에 있을 때 입었던 옷보다 두껍고 긴 옷을 챙겨야겠죠. 그럼, 위도만 보고 판단한 우리의 예측이 맞는지 기후 그래프로 확인해 볼까요? 두 도시의 기후 그래프에서 모스크바와 서울의 월평균 기온을 비교해 보세요. 1년 내내 모스크바의 월평균 기온이 서울보다 낮게 분포합니다. 위도를 통해 예측한 대로 상대적으로 저위도에 위치한 서울이 모스크바보다 연중 기온이 높다는 걸 확인할 수 있습니다.

즉, 적도에 가까울수록 연평균 기온이 높아지고, 극지방에 가까울수록

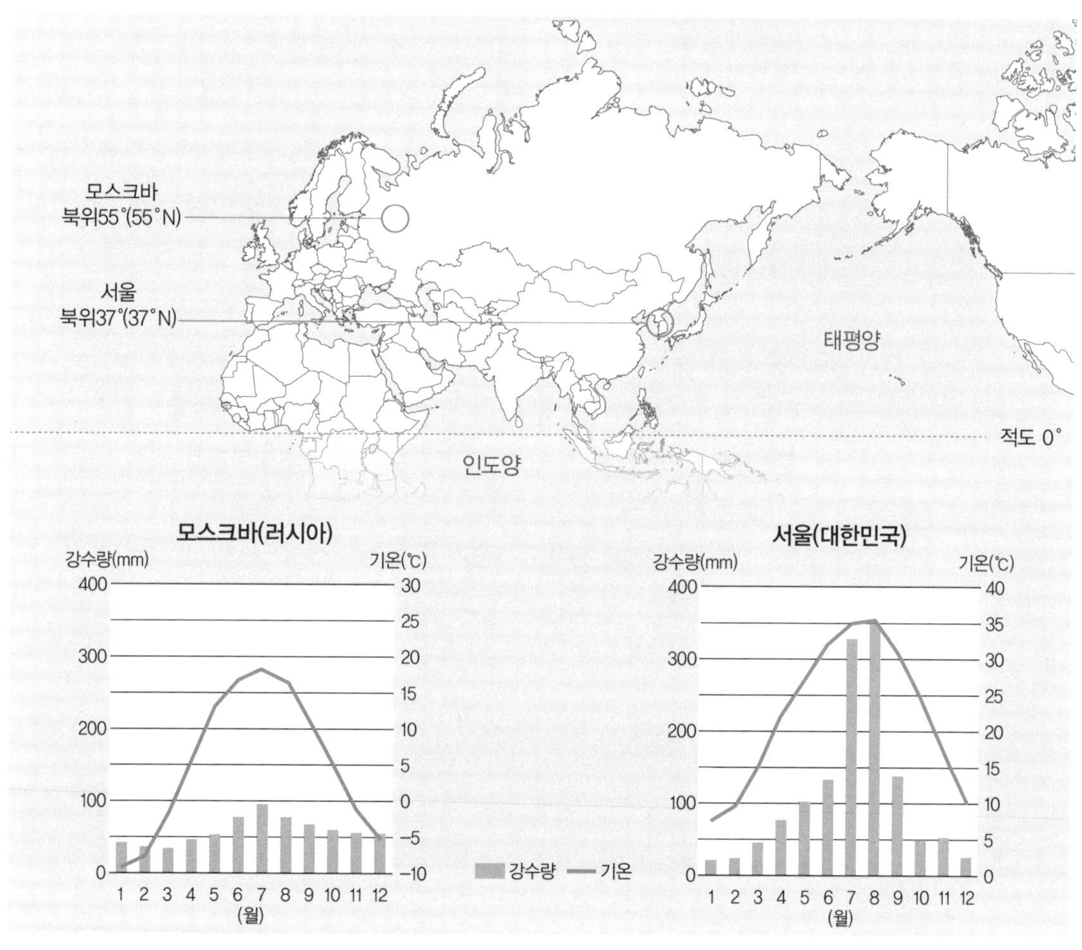

2. 모스크바와 서울의 위치와 기후 그래프

월평균 기온은 낮아집니다. 간단한 공식 같죠? 그러나 이건 시작에 불과할 뿐입니다. 기후는 위도에만 영향을 받는 것이 아닙니다. 그렇다면 다음에 만날 기후요인은 무엇일까요?

수륙분포

기후에 영향을 미치는 두 번째 요인은 수륙분포입니다. 수륙분포란 바다와 육지의 분포 상태를 의미합니다. 개념이 다소 어렵게 느껴질 것 같아서 간단한 퀴즈를 준비했어요.

Q 다음 문제를 읽고, 정답에 ○표 하세요.

1 모래와 물을 일정한 시간 가열했을 때 더 빨리 뜨거워지는 것은?
물 / 모래

2 모래와 물을 일정한 시간 가열한 후 식혔을 때, 더 빨리 식는 것은?
물 / 모래

위 문제의 정답은 모두 '모래'입니다. 모래는 물보다 온도 변화가 큽니다. 즉, 모래 온도를 1℃ 높이기 위해 필요한 에너지가 물을 1℃ 높이기 위해 필요한 에너지보다 작다는 의미입니다. 일정한 시간 동안 물과 모래를 동시에 가열하면 모래의 온도가 물보다 더 빠르게 올라가고, 가열을 멈추면 모래의 온도가 물보다 더 빠르게 내려갑니다. 쉽게 말해서 모래가 물보다 더 빨리 열을 받았다가 금방 식는다는 뜻이에요. 모래는 성격이 몹시 급한 것 같습니다. 결론은 '모래의 온도 변화가 물보다 크다'는 것입니다.

수륙분포 즉, '수'(바다)와 '륙'(대륙)의 분포에 따라 기후는 큰 영향을 받습니다. 즉, 육지로 둘러싸여 있는 지역은 다른 지역에 비해 여름철 기온은 높고, 겨울철 기온이 낮아 연교차가 큽니다. 반대로 바다와 가깝거나 바다로 둘러싸인 지역은 여름철과 겨울철의 기온차가 작습니다. 결국 수륙분포에 따라 연교차가 달라진다는 것입니다. 그럼, 제주도와 서울 중에서 연교차가 큰 곳은 어디일까요? 정답은 서울입니다. 제주도는 바다의 영향을 받아 연교차가 작습니다.

수륙분포는 강수량 분포에도 영향을 줍니다. 눈·비는 수증기가 응결해 땅으로 떨어지는 현상으로, 대체로 습기가 많은 바다에 가까울수록 강수량이 많고, 바다와 멀리 떨어져 있거나 육지로 둘러싸인 지역일수록 강수량이 적습니다. 이처럼 바다의 영향으로 비교적 연교차가 작고 습도가 높은 기후를 '바다 해(海)' '바다 양(洋)' 자를 써서 해양성기후, 육지의 영향으로 연교차가 크고 강수량이 작은 기후를 '큰 대(大)' '육지 륙(陸)' 자를 써서 '대륙성기후'라고 합니다. 수륙분포에 따라 해양성기후와 대륙성기후로 구분한다는 것도 알아두면 좋겠죠? 수륙분포가 기후에 미치는 영향을 정리하면 다음과 같습니다.

해양성기후와 대륙성기후

	위치	기후 특징
해양성기후	바다와 가까운 지역	연교차가 작고, 강수량이 많음
대륙성기후	육지로 둘러싸인 지역 (바다와 떨어져 있음)	연교차가 크고, 강수량이 적음

해류

기후에 영향을 미치는 세 번째 요인은 해류입니다. 해류는 바닷물의 흐름입니다. 해류에는 난류와 한류가 있습니다. 난류와 한류는 찬물과 따뜻

연교차
1년 중 가장 추운 달과 가장 더운 달의 평균 기온 차이를 말한다.

응결
기체가 액체로 상태가 변하는 현상이다.

모스크바와 서울의 강수량 비교
서울은 여름철에 태풍과 장마의 영향으로 모스크바보다 강수량이 많다.

한 물이 아니라, 바닷물의 온도를 비교했을 때 상대적으로 온도가 높은 바닷물을 난류, 차가운 바닷물을 한류로 구분합니다. 난류가 온천처럼 뜨거운 열기를 지닌 온탕의 느낌이라고 착각하면 안 돼요. 난류는 따뜻한 적도 부근에서 발원해 고위도 지역으로 이동하는 해류로, 주변 해수보다 수온이 높습니다. 난류성 어종으로는 오징어, 멸치, 참치 등이 있습니다. 참치잡이 배는 저위도 바다에 있겠죠.

반대로 차가운 고위도 지역에서 발원해 저위도 지역으로 이동하는 한류는 주변 해수보다 수온이 낮습니다. 한류성 어종으로는 명태, 청어, 대구 등이 있습니다. 한류와 난류가 만나면 어떻게 될까요? 다양하고 많은 물고기가 모이겠죠? 우리나라 울릉도, 독도 주변은 한류와 난류가 만나는 해역으로, 이 지역을 '조경수역'이라고 합니다.

난류는 한류에 비해 수증기가 많습니다. 욕실에서 따뜻한 물로 샤워를 했을 때, 욕실 내부에 습기가 생기는 것처럼 말이죠. 난류 주변 지역은 한류 연안 지역에 비해 대체로 기온이 높고, 강수량이 많습니다. 특히 고위도 지역일수록 난류에 의한 기온 상승 효과가 나타납니다. 런던(51.5°N)이 서울(37°N)보다 위도가 높지만, 겨울철 평균 기온이 높은 이유는 난류(해류)의 영향 때문입니다. 또한 난류의 영향으로 1년 내내 비가 자주 내립니다. 런던과 서울의 기후는 뒤에 나오는 〈09. 온대기후란 무엇일까?〉에서 상세히 다루겠습니다.

여기서 놀라운 사실 한 가지 알려드릴게요. 해안에도 사막이 있습니다. 사막을 만든 주인공은 바로 한류입니다! 습기가 많은 바다 주변에 어떻게 사막이 형성되는 걸까요? '탐구'의 인터뷰를 함께 살펴봅시다.

사막 지금 내 이야기를 하고 있군요.

탐구 아직 안 불렀는데, 벌써 나오셨네요.

사막 내 친구 위도가 섭외를 기다리고 있었는데 끝까지 부르지 않았다고 해서 급한 마음에 미리 출연했어요.

탐구 아…, 네…, 사막님이 꼭 하고 싶은 이야기가 있으신 모양이네요.

사막 많은 사람들이 저에 대해서 잘 모르고 있는 것 같습니다.

탐구 사막님은 바다에서 멀리 떨어진 내륙이나 북회귀선과 남회귀선이 지나는 곳에 있잖아요. 중국 내륙에 있는 타클라마칸사막이나 고비사막, 북회귀선이 지나는 사하라사막이 바로 직접 만드신 장소라고 들었어요.

사막 내가 형성되는 원리 말고, 내 진짜 정체가 궁금하지 않아요?

탐구 바람의 침식작용으로 만들어진 버섯바위, 바람의 퇴적작용이 만든 사구, 물이 귀한 오아시스! 이 정도면 완벽하죠?

사막 잘 알고 있군요. 그런데 여전히 오해하는 게 있어요. 모래가 많고 오아시스가 있다고 다 사막이 아니에요. 또한 사막이라고 해서 모두 덥지도 않고요.

탐구 그런가요? 그렇다면 사막님의 진짜 정체를 알려주세요.

사막 나처럼 사막 인증을 받으려면 연평균 강수량이 250mm 미만이어야 합니다.

탐구 사막님의 말씀처럼 비가 적게 내리는 더운 지역이 사막이잖아요.

사막 잘 들어 보세요. 더운 건 사막 인증 조건에 없어요.

탐구 아, 그렇다면 타클라마칸사막이나 고비사막은 내륙에 위치해 강수량이 적어서 사막이 된 것이지 온도가 높아서가 아니군요.

사막 맞아요.

탐구 앞에서 북회귀선(23.5°N)과 남회귀선(23.5°S) 부근에도 사막이 있다고 읽었던 것 같아요.

사막 기억력이 좋군요. 남회귀선과 북회귀선 부근에 있는 사막은 아열대고압대°의 영향으로 강수량보다 증발량이 많아서 형성되었습니다.

탐구 아, 그렇군요. 사막님 이야기를 들어 보니 사막은 1년 동안 내리는 비의 양이 약 0~250mm인 지역이라는 것을 알겠어요.

사막 그리고 나는 한류와 친구예요. 그래서 한류가 흐르는 해안가에도 내가 있습니다. 남아프리카 서부 해안에 위치한 '나미브사막'과 남아메리카 서부 해안에 위치한 '아타카마사막'은 모두 한류가 흐르는 바닷가에 바짝 붙어 있어요. 독특하죠?

탐구 바다 주변 지역은 습기가 많고 강수량이 많아 사막이 없을 것 같은데….

사막 그럴 것 같죠? 그러나 한류는 증발량이 적습니다. 그래서 한류가 흐르는 지역은 수증기의 양이 적을 뿐만 아니라, 한류 사막 상공에 아열대고압대가 자리 잡고 있어서 비가 거의 내리지 않습니다.

탐구 아, 그렇군요. 한류가 사막을 만드는 데 도움을 주다니…, 놀라운데요? 사막님, 그럼 세계에서 가장 큰 사막은 어디인가요?

사막 하하. 드디어 올 것이 왔군요. 세계에서 가장 큰 사막은 남극입니다.

탐구 남극이요? 펭귄이 사는 남극이 가장 큰 사막이라고요? 무슨 말인지 모르겠어요.

사막 사막은 연강수량이 250mm 미만인 곳입니다. 덥고 춥고에 관계없이 비가 적게 내리는 지역을 사막이라고 합니다. 그래서 세계에서 가장 큰 사막은 남극이에요. 남극에서 가장 강수량이 많은 해안 지역도 200mm가

아열대고압대
남위 북위 30~35°의 기압이 높은 지역으로 위도의 중간쯤에 있어 중위도고압대라고도 한다. 1년 내내 하강기류가 형성되어 습도가 낮고 날씨가 맑다.

되지 않거든요.

탐구 그동안 사막은 기온이 높고, 건조한 지역으로만 알고 있었어요.

사막 사막은 오직 '강수량'을 기준으로 구분합니다. 따라서 비가 거의 내리지 않는 남극은 추운 사막입니다.

탐구 사막님이 스스로 출연하지 않았다면 지금도 사막은 덥고 건조한 곳으로만 생각했을 거예요. 여전히 사막을 더 크게 넓히느라 바쁠 텐데 사막에 대해 완벽하게 설명해 주셔서 감사합니다.

사막 연강수량이 250mm 미만인 지역이 있으면 제보해 주세요.

사막과의 인터뷰를 통해 사막의 개념과 사막의 형성 원인에 대해 알게 되었습니다. 잊어버리기 전에 정리해 볼게요.

세계 사막의 형성 원인

원인	세계 사막
수륙분포 (바다와의 거리가 멀다)	• 고비사막(몽골) • 타클라마칸사막(중국)
아열대고압대 (북회귀선과 남회귀선 주변)	• 아프리카 사하라사막(북회귀선) • 오스트레일리아 그레이트빅토리아사막(남회귀선)
한류, 아열대고압대	• 아타카마사막(남아메리카 칠레) • 나미브사막(남아프리카 앙골라)

해발고도

기후에 영향을 미치는 네 번째 요인인 해발고도를 설명하기 전에 퀴즈부터 풀고 갈게요.

Q 아프리카의 열대기후 지역에서 흰 눈을 볼 수 있을까요?

정답은 '볼 수 있다'입니다. 더운 아프리카에서 눈을 볼 수 있는 곳은 해발고도가 높은 킬리만자로산 정상 부근입니다. '킬리만자로'라는 이름, 멋있죠? 스와힐리어로 '빛나는 산'이라고 합니다. 킬리만자로산은 적도와 가까워서 연중 기온이 높은 열대기후 지역에 해당합니다. 그런데 산 정상부에서 눈을 볼 수 있는 이유는 산의 해발고도가 높기 때문입니다. 얼마나 높느냐고요? 약 5,895m라고 해요. 킬리만자로산은 화산활동으로 형성되었지만, 현재는 휴화산입니다. 만약 지금도 화구에서 뜨거운 화염이 분출되고 있다면 눈을 볼 수 없겠죠?

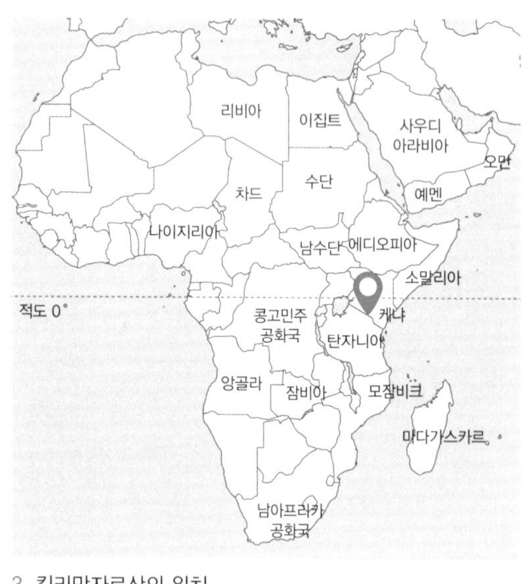

3. 킬리만자로산의 위치

이제 탄자니아 킬리만자로 공항에서 비행기를 타고 제주도에 가볼까요? 줄서서 연○ 돈까스도 먹고 싶고, 갈치조림도 먹고 싶고…. 빨리 내려서 맛있는 것부터 먹어야겠어요. 제주 공항 게이트를 나서자 야자수가 눈에 들어옵니다. '어, 잘못 왔나?' 열대지방에서 볼 수 있는 야자수가 제주공항에 턱! 해외여행 온 줄…. 문득 '제주도(33°N)가 서울(37°N)보다 적도에 가까워서 열대식물도 볼 수 있구나'라고 생각했습니다. 여기서 잠깐! 제주도를 열대기후보다 아열대기후라고 지칭하는 경우가 많아요. 아열대기후는 쾨펜의 기후 구분에는 없지만, 열대기후처럼 기온이 비교적 높은 온대기후 정도로 생각해도 좋고, 열대기후와 온대기후의 특징이 섞여서 나타나는 기후로 이해해도 좋습니다.

'아열대기후 지역인 제주도에 왔으니 한라산 정상에서 반드시 야자수 열매를 먹고 말 거야'라고 결심하며 가벼운 마음으로 산에 올라가면 어떻게 될까요? 산 정상에는 야자수도 없을 뿐만 아니라, 아열대 기후라는 것만 믿고 겨울철에 가벼운 옷차림으로 산에 올라가면 영원히 돌아오지 못할 수도 있습니다. 한라산의 해발고도(1,950m)가 높기 때문에 여름에도 산 정상에서는 야자수 나무가 자랄 만큼 기온이 높지 않고 오히려 겨울철에는 매우 추워요. 그러나 한라산을 오르다 보면 다양한 풀과 나무들을 볼 수 있어요. 한라산의 높이에 따라 기온이 달라지기 때문에 저지대에서 산 정상부로 갈수록 아열대기후, 온대기후, 냉대기후의 식생이 분포합니다. 제주도 중산간* 지역에서 한가롭게 풀 뜯는 젖소를 볼 수 있는 이유는 해발고도의 영향으로 기온이 낮아져 초지가 형성되었기 때문입니다. 이렇게 한라산의 다양한 기후와 식생 분포에 영향을 준 요인은 '해발고도'입니다.

이번에는 강원도로 가볼까요? 제주도를 출발해 강원도 양양 공항에 도착했습니다. 우리의 목적지는 대관령. 대관령은 해발고도 800m에 위치한 고개입니다. 영동고속도로 옛 대관령 구간에는 대관령 휴게소가 있는데 여름철 이색 피서지로 인기라고 합니다. 해발고도가 높은 곳에 있어서

* 중산간
해발 100~300m의 지대이다.

여름철에도 기온이 선선하기 때문인데요. 이곳은 ◯◯정보통이라는 TV 프로그램에서 '이색 피서지'로 소개되었습니다.

해발고도 800m, 대관령 중턱에 자리 잡은 휴게소에서 이색 피서를 즐기기 위해 모여든 사람들이 있습니다.

PD 여기 왜 오셨어요?

피서객 서울은 너무 더워서 밤에 잠을 못 자는데, 여기는 한여름에도 시원하고 좋아요. (뒤를 돌아 산을 바라보며 외친다.) 와아!

여름철 더위를 식히기 위해 해발고도가 높은 곳을 피서지로 선택한 사람들의 지혜가 엿보이는 장면입니다. 그러나 주의하세요. 대관령엔 여름철에 가면 선선하고 좋지만, 겨울철엔 눈이 많이 내리고 추워서 아무런 장비 없이 가벼운 차림으로 갔다가는 겨울철 한라산에서와 마찬가지로 영원히…. 여기까지만 하죠. 기후요소에 대한 내용을 읽다 보니 여러 가지 개념들이 머릿속을 맴도는 것 같습니다. 여기서 우리가 읽었던 내용들을 간단히 정리해 볼게요.

기후, 기후요소, 기후요인

기후: 평균적인 기상 상태

기후요소: 기온, 강수량, 바람, 습도 등

기후요인: 위도, 수륙분포, 해류, 해발고도, 지형(곧 출연 예정)

핵심 개념으로 전체적인 흐름을 이해해 보세요. 앞에서부터 기후의 개념을 날씨와 비교하고, 기후요소에 대해 읽은 뒤, 기후요소에 영향을 주는 기후요인인 위도, 수륙분포, 해류, 해발고도에 대해 배웠습니다. 이제 기후 요인 하나가 남았죠?

지형

여러분, 지형이 기후에 영향을 줄까요? 지형은 땅에서, 기후는 하늘에서 일어나는 현상인데 둘 사이에 관계가 있을까요? 관계가 없으면 제가 이렇게 길게 질문하지 않았겠죠?

여기서 잠깐! 일부 문제집이나 교과서에서 기후요소를 '기온, 강수량, 바람, 습도 등'으로 정의합니다. 지역의 기후를 설명하려면 네 가지에 대한 자료가 필요하지만, 일반적으로 기온과 강수량만을 나타낸 기후 그래프만 보아도 기후의 특징을 알 수 있습니다. 따라서 기후에 대해 공부할 때에는 먼저 '기온, 강수량'을 중심으로 기후의 특징을 이해하고 바람, 습도 등의 나머지 기후요소가 기온과 강수량에 어떤 영향을 주는지 확인하면 기후를 쉽게 공부할 수 있습니다. 꼭 기억하세요. 기후요소의 메인은 '기온과 강수량'입니다. 지형과 기후의 관계를 알아보기 위해 질문 두 가지를 해보겠습니다. 첫 번째 질문, 〈지형이 기온 변화에 영향을 줄까?〉 산 정상의 기온이 평지보다 낮기 때문에 지형이 기온에 영향을 준다고 생각하기 쉽습니다. 그러나 그것은 '지형'이 아닌 '해발고도'의 영향입니다. 그렇다면 지형은 기후에 어떤 영향을 주는 걸까요?

다음의 자료를 봅시다. 서울과 강릉은 같은 위도에 위치하지만 1, 2월

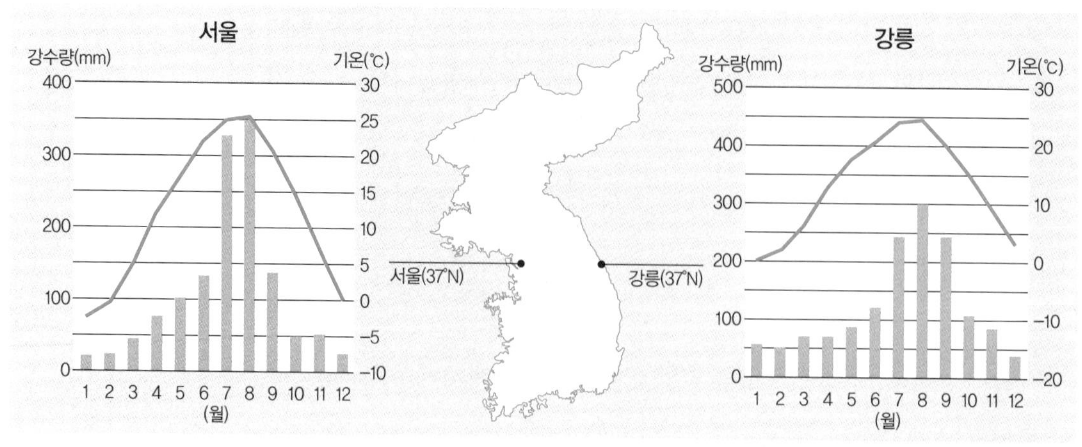

4. 서울과 강릉의 위치와 기후 그래프

평균 기온은 강릉이 서울보다 높습니다. 겨울철에 강릉이 서울보다 따뜻한 이유는 동해에 흐르는 난류와 태백산맥의 영향 때문입니다. 우리나라는 겨울에 차가운 북서풍의 영향으로 춥고, 강수량이 적습니다. 북서풍의 발원지인 시베리아는 내륙에 위치해 습기가 적고 기온이 차갑기 때문인데요. 그래서 북서풍의 영향을 더 많이 받는 서울의 겨울철 기온이 강릉보다 낮습니다.*

즉, 한랭 건조한 북서풍의 영향을 직접 받는 서울과 달리 강릉은 태백산맥이 북서풍을 막아 주기 때문에 겨울철 기온이 서울에 비해 높은 것입니다. 바로 이 태백산맥의 방어가 기후에 영향을 주는 '지형' 요인입니다. 강릉은 태백산맥이 있어서 겨울에도 든든하겠죠. 또한 강릉은 난류의 영향도 받습니다. 정리하자면, 겨울철에 강릉이 서울보다 기온이 높은 이유는 태백산맥과 난류의 영향 때문입니다. 태백산맥과 난류는 어떤 기후요인에 해당하는지 찾아볼까요? 기후요인은 위도, 수륙분포, 해류, 해발고도,

* 강릉
강릉은 바다와 가까워서 '수륙분포'의 영향도 받는다.

지형이 있습니다. 그중에서 난류는 '해류', 태백산맥은 '지형'에 해당하므로 강릉의 겨울 기온은 '해류'와 '지형'의 영향을 받습니다. 따라서 기후는 지형에도 영향을 받습니다. 첫 번째 질문, 클리어!

이제 두 번째 질문으로 넘어갑니다. 〈지형이 강수량 변화에 영향을 줄까?〉 첫 번째 문제처럼 두 번째 문제도 어렵네요. 맞는 것 같기도 하고, 아닌 것 같기도 하고. 눈치가 빠른 친구들은 벌써 답을 알고 있을 거예요. 본격적인 탐구에 앞서 다음 문제를 먼저 풀어 봅시다.

Q 바람이 힘차게 불다가 거대한 산을 만나 당황하고 있습니다. 바람은 이 위기를 어떻게 극복할까요?

1 산을 뚫고 지나간다.
2 산 앞에서 멈췄다가 소멸한다.
3 산을 타고 넘어간다.

1번은 바람이 수백만 년 동안 한곳만 집중적으로 공격하면 가능할 수도 있겠죠? 하지만 그럴 리가 없으니 정답이 아닙니다. 2번처럼 바람이 산 앞에서 갑자기 브레이크를 밟을 수는 없습니다. 물론 바람에 AI 기능을 탑재하면 가능할 수도 있겠네요. 그래서 정답은 여러분의 예상대로 3번 '산을 타고 넘어간다'입니다. 바람이 산을 올라갈 때에는 비를 내리고, 산을 넘어서 내려올 때에는 고온 건조한 바람으로 바뀌는 데, 이를 '푄현상'이라고 합니다. 즉, 바람이 산을 만나면 바람이 부딪히는 곳(바람받이 사면)에 비가 내리고, 산을 넘어가면서(바람의지 사면) 기온이 높고 건조한 바람

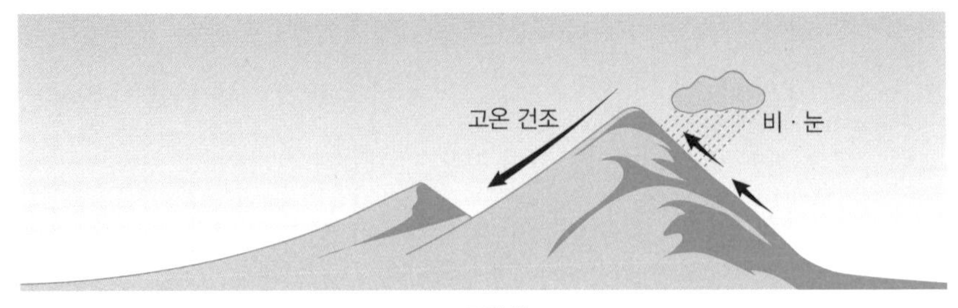

5. 푄현상

으로 바뀌는 것이죠. '푄현상'은 지형이 있어야 발생합니다.

강릉의 겨울철 강수량이 서울에 비해 많은 이유는 난류의 영향도 있지만, 푄현상과도 관련이 있습니다. 한랭 건조한 북서풍이 서울을 지나 태백산맥을 넘어 강릉으로 내려오면 기온이 높고 건조한 바람의 영향으로 강릉에 비나 눈이 내리지 않습니다. 그렇다면 바람의 방향을 반대로 바꿔서 생각해 볼까요? 바다 쪽에서 강릉으로 바람이 불면 바람이 태백산맥에 부딪혀 푄현상이 발생합니다. 그래서 겨울에도 강릉에 비나 눈이 내리게 돼요.* 따라서 강수량은 지형에도 영향을 받습니다. 두 번째 미션도 완료!

여기서 주의할 점! 우리나라 겨울철에 항상 북서풍만 부는 것은 아니라는 것입니다. 겨울에는 며칠 동안 혹독한 추위가 기승을 부리다가 추위가 잠시 주춤해지면서 따뜻해지는 기온 변화가 일어나는 데, 이를 '삼한사온(三寒四溫)'이라고 합니다. 대체로 우리나라의 겨울철 기온이 3일 동안은 추웠다가 4일 동안은 따뜻해지는 현상을 나타내는 말인데요. 우리가 숨을 들이켰다가 '후'하고 내쉬면 처음엔 바람이 강했다가 점점 약해지는 것처럼 북서풍도 처음엔 강했다가 점점 약해집니다. 그러면 이 틈을 타고 중국 내륙에서 비교적 따뜻한 서풍이 우리나라로 불어서 기온이 올라갑니다.

* 강릉에 비나 눈이 많은 이유
겨울에 동해에서 강릉 쪽으로 부는 동풍은 동해 난류의 습기를 머금기 때문에 강릉에 내리는 비나 눈의 양이 비교적 많다.

이러한 풍향의 변화는 삼한사온과 함께 미세먼지 농도에도 영향을 줍니다. 즉, 바람이 부는 방향에 따라 우리나라 대기의 미세먼지 농도가 달라지는 것인데요. 북서풍이 불 때에는 춥고, 미세먼지 농도가 낮아지지만, 중국에서 서풍이 불면 기온이 올라가면서 미세먼지 농도도 높아집니다. 이러한 겨울철 미세먼지 농도 변화를 삼한사온에 빗대 '삼한사미'라고도 합니다. 겨울에 미세먼지에 민감한 친구들은 바람의 방향에 관심을 가지는 것도 좋겠습니다.

몽골 여행 꿀 팁!

몽골은 북위 50°에 위치한 국가로 초원에서 가축을 기르며 이동하는 유목 문화가 발달했습니다. 몽골은 중국과 러시아로 둘러싸여 있고, 바다와 멀리 떨어져 있어 연교차가 크고, 강수량이 적은 대륙성기후가 나타납니다. 여러분에게 몽골 여행을 위한 몇 가지 팁을 공개합니다.

몽골 여행 꿀 팁!

1. 여행은 여름철(6~10월)에 가는 게 좋습니다.
   겨울철(10~4월)에는 기온이 영하 20℃~30℃까지 내려간대요.
2. 여름철에도 일교차가 큽니다. 긴팔과 반팔 옷을 꼭 챙기세요.
3. 습도가 낮고, 건조해요.
   여름에는 적은 비가 자주 내리는 편이에요.
   겨울철 1월 평균 강수량은 2mm 정도에 불과해요.

도움이 되었나요? 이 팁을 통해 몽골 기후의 특징을 정리해 볼 수 있겠죠? 각 팁들이 어떤 기후 요인에 영향을 받은 것인지 살펴봅시다. 1, 2번은 수륙분포의 영향입니다. 몽골은 바다와 멀리 떨어져 있어 연교차와 일교차가 큰 대륙성기후 지역입니다. 몽골은 겨울이 매우 춥기 때문에 숙소에만 있지 않을 거라면 여름철에 여행하는 것이 더 낫겠죠? 참고로 몽골은 냉대기후 지역입니다.

3번 역시 수륙분포의 영향 때문입니다. 몽골은 바다와 멀리 떨어져 있어서 수증기의 공급이 원활하지 않아 건조합니다. 그러나 겨울보다 여름에 강수량이 많은 이유는 계절풍의 영향 때문입니다. 계절풍은 계절에 따라 방향이 달라지는 바람으로 바다와 대륙의 온도차 때문에 발생합니다. 몽골과 한국, 일본, 중국 등 동아시아 대부분의 지역은 여름에 고온다습한 남동계절풍의 영향으로 여름이 겨울보다 강수량이 많습니다.

수륙분포의 개념을 이해하여 몽골 여행에 필요한 팁을 알아보았습니다. 어렵지 않죠? 여러분, 꼭 가고 싶은 해외 여행지가 있나요? 있다면 망설이지 말고, 지금 당장 가고 싶은 지역의 기후부터 알아보는 건 어떨까요?

해류가 만든 부동항

침엽수림에 살포시 앉은 눈이 매력적인 나라, 스웨덴은 발트해를 사이에 두고 에스토니아, 라트비아, 리투아니아와 인접해 있습니다. 스웨덴의 영토는 남북으로 길게 뻗어 있어 남부와 북부의 기온차는 약 3~7℃ 정도입니다. 또한 고위도(53°N~59°N)에 위치해 겨울이 길고, 여름이 짧습니다. 스웨덴 북부 지역에서는 여름에 백야를 볼 수 있습니다.

스웨덴의 도시 '키루나'는 철광석 산지입니다. 스웨덴 정부는 키루나에서 생산된 철광석을 수출하기 위해 키루나와 발트해 연안에 있는 룰레오항과 서쪽의 대서양과 인접한 나르비크항을 연결하는 철광석 운송 철도(철광선)를 개통했습니다. 철도를 이용한 운송이 자동차보다 안정적이고 한꺼번에 많은 양을 운반할 수 있어서 효율적이기 때문입니다.

그런데 스웨덴 서부 지역이 독립을 선언하면서 1905년에 노르웨이가 탄생합

부동항
얼지 않는 항구를 뜻한다.

백야
밤이 되어도 어두워지지 않는 현상이다.

6. 룰레오항과 나르비크항을 연결한 철도

니다. 스칸디나비아산맥을 경계로 서쪽은 노르웨이, 동쪽은 스웨덴으로 영토가 분리되면서 철광석 수출에 문제가 생겼습니다. 노르웨이의 영토에 나르비크항이 포함되면서 키루나의 철광석 운송이 어려워진 것입니다. 룰레오항이 있어서 문제없다고요? 여름에는 룰레오항 이용에 문제가 없습니다. 그러나 겨울이 되면 발트해가 얼어서 룰레오항에서는 배를 띄울 수 없습니다. 결국, 스웨덴의 겨울철 철광석 수출에 문제가 생긴 것이죠.

바다가 언다는 게 믿기지 않을 텐데요? 바닷물은 민물(염도가 낮은 강물 등)에 비해 어는점이 낮아 겨울에도 잘 얼지 않습니다. 그런데 발트해는 염도가 낮을 뿐만 아니라 수심도 얕고, 육지로 둘러싸여 있어서 대륙의 영향을 받아 겨울에도 바닷물이 얼어붙습니다. 그래서 겨울에 룰레오항은 항구로서의 기능을 상실하기 때문에 스웨덴의 철광석 수출이 어려워지는 것입니다.

철광석 수출에 아쉬운 스웨덴이 노르웨이에 협상을 제안합니다. 스웨덴이 나르비크항을 이용할 방법이 없었기 때문이에요. 다행히 나르비크항 이용에 대한 노르웨이와 스웨덴 양국의 합의가 원활하게 이루어져 스웨덴은 나르비크항 철광선을 통해 겨울에도 철광석을 수출할 수 있게 되었습니다.

나르비크항은 북위 68°, 룰레오항은 북위 63°에 위치합니다. 위도가 더 높은 나르비크항이 겨울에도 얼지 않는 이유는 난류의 영향 때문입니다. 북대서양해류(난류)의 따뜻한 습기가 나르비크항 주변에 영향을 주어 룰레오항에 비해 겨울철 기온이 높고, 강수량도 많습니다.

세계에서 가장 높은 기차역

무르만스크는 북위 68°에 위치한 러시아 항구도시로 스웨덴의 나르비크항과 위도가 비슷합니다. 그리고 겨울에도 얼지 않는 부동항 무르만스크항이 있습니다. 지금은 지구온난화로 북극의 얼음이 녹으면서 겨울철에 쇄빙선을 이용해 배로 얼음을 깨면서 북극을 통과할 수 있지만 20세기 초까지만 해도 겨울에 이용할 수 있는 러시아의 항구는 부동항인 연해주 블라디보스토크항(북위 43°)과 무르만스크항 뿐이었습니다. 러시아가 중국으로부터 블라디보스토크항을 빼앗지 못했다면 러시아의 부동항은 무르만크스가 유일했겠죠.

무르만스크의 연평균 기온은 약 0.56℃ 입니다. 반면 같은 위도 나르비크항의 연평균 기온은 3℃입니다. 같은 위도에 위치한 나르비크보다 연평균 기온이 낮은 이유는 대륙의 영향을 더 많이 받기 때문입니다. 그렇다고 무르만스크의 기온이 낮은 건 아닙니다. 북극해에 접한 같은 위도의 도시들에 비하면 연평균 기온이 높은 편인데, 그 이유는 나르비크를 녹인 북대서양 난류가 무르만스크항에도 영향을 주기 때문입니다. 난류의 힘이 대단하죠?

무르만스크에는 '세계 최고위도 철도역'인 무르만스크역과 '세계 최고위도 맥도널드' 매장이 있습니다. 통일이 되면 기차를 타고, 지구의 가장 북쪽에 있는 맥도널드 햄버거를 먹을 수 있는 즐거움이 생기겠죠? 현재 블라디보스토크에서 이곳까지 기차로 약 12일 정도 걸린다고 합니다. 러시아 영토가 굉장히 크다는 게 실감나네요. '이렇게 추운 곳에도 철도역과 맥도널드 매장이 운영될 만큼 많은 사람들이 살고 있을까?'라고 궁금증을 갖는 친구들이 있을 텐데요. 무르만스크의 인구는 약 29만 명(2019년 통계)으로 북극권에서 가장 큰 도시라고 합니다.

7. 북대서양 난류

오늘은 2023년 7월 2일 오후 21시. 밖은 여전히 대낮처럼 밝습니다. 이상하게도 저녁인데 하늘에 햇빛이 있어요. 어두운 밤이 될 때까지 밖에 나가서 관광을 했지요. 간식도 먹고, 쇼핑도 하고, 여기저기 다녔지만, 여전히 어두운 밤은 오지 않습니다. 현재 시간은 24시, 자정입니다.

이곳은 '밤을 샌다는 말'이 무색할 만큼 여름에 해가 지지 않는 백야(白夜) 현상이 나타납니다. 백야 현상은 위도 약 66° 이상의 고위도 지역에서만 볼 수 있습니다. 백야 현상이 나타나는 이유는 지구의 자전축이 23.5도 기울어져 있어 여름에는 해가 지평선 아래로 내려가지 않기 때문입니다. 그래서 반대로 겨울에는 해가 뜨지 않는 극야(極夜)° 도 나타납니다. 여행지에서 잠자는 시간이 아까운 친구들은 여름에 무르만스크에서 24시간 동안 해를 보며 특별한 낮과 밤을 보내는 건 어떨까요?°

극야
낮에도 어두워지는 현상이다.

백야와 극야
북반구와 남반구의 계절은 반대이다. 여름에 북반구 고위도 지역에서 백야를 볼 수 있다면, 남반구에서는 극야를 관찰할 수 있다.

Mind Map 핵심 개념 정리하기

각 기후요인의 특징

		기온	강수량
위도	고위도	낮다	많다
	저위도	높다	적다
수륙분포	바다	해양성기후(연교차가 작고, 강수량이 많다)	
	대륙	대륙성 기후(연교차가 크고, 강수량이 적다)	
해류	난류	높다	많다
	한류	낮다	적다
해발고도	높음	낮다	많다
	낮음	높다	적다
지형	 고온 건조 비 · 눈 푄현상		

2부

기후와 인간 생활

1년 내내 비교적 기온이 높은 기후를 열대기후라고 합니다. 강수량이 적어 물이 귀한 곳의 기후를 건조기후라고 합니다. 이 외에도 우리나라의 기후인 온대기후가 있고, 차가운 냉대와 한대기후도 있습니다. 이번 장에서는 기후의 다양한 모습을 살펴보고 각 지역 주민들이 어떻게 기후에 적응해 왔는지 살펴보겠습니다.

4장

기후와 환경

열대기후란 무엇일까?

- 열대기후를 강수량의 특징에 따라 세 종류로 분류할 수 있다.
- 열대기후의 특징을 식생의 분포와 관련시켜 설명할 수 있다.

열대기후, 어디에 있을까?

세계인들이 가장 즐겨 찾는 차(茶)는 무엇일까요? 바로 커피입니다. 커피는 적도를 중심으로 남회귀선과 북회귀선 사이에 있는 열대기후 지역에서 주로 재배되고 있습니다. 커피 생산 지역이 가로로 긴 띠 모양 같이 분포하여 이 지역을 '커피 벨트'라고 합니다. 잠깐 퀴즈!

Q 커피를 가장 많이 생산하는 나라는 어디일까요?
(2017~2018년 기준)

힌트 ❶ 열대기후 지역입니다.
힌트 ❷ 남아메리카에 있습니다.
힌트 ❸ 포르투갈의 식민지였어요.
힌트 ❹ 아마존의 열대림이 유명해요.

정답은 브라질입니다. 조금 더 난이도가 있는 두 번째 퀴즈로 넘어갑니다.

Q 커피 생산량이 두 번째로 많은 나라는?

힌트 ❶ 아시아에 속한 국가입니다.

힌트 ❷ 열대기후가 나타나는 곳이에요.

힌트 ❸ 탑 카르스트로 유명한 하롱베이가 있습니다.

힌트 ❹ 대도시 다낭, 호치민, 하노이가 있어요.

정답은 베트남입니다. 힌트 없이 맞춘 친구도 대단하지만, 힌트 1만을 보고 정답을 맞추었다면 마법사 레벨입니다. 베트남은 세계에서 두 번째로 커피를 많이 생산하는 국가입니다. 3위는 콜롬비아, 4위 인도네시아이고, 5위 온두라스, 6위 에티오피아, 7위 인도, 8위 페루, 9위는 멕시코입니다. 이 나라들은 모두 커피 벨트에 포함된 열대기후 지역입니다.

열대기후 지역은 가장 추운 달(최한월)에도 평균 기온이 18℃ 이상이어서 1년 내내 기온이 높습니다. 열대기후는 강수량에 따라 열대우림기후, 열대계절풍(몬순)기후, 사바나기후로 구분합니다. 즉, 모두 최한월 평균 기온이 18℃ 이상이지만, 강수량이 다릅니다.

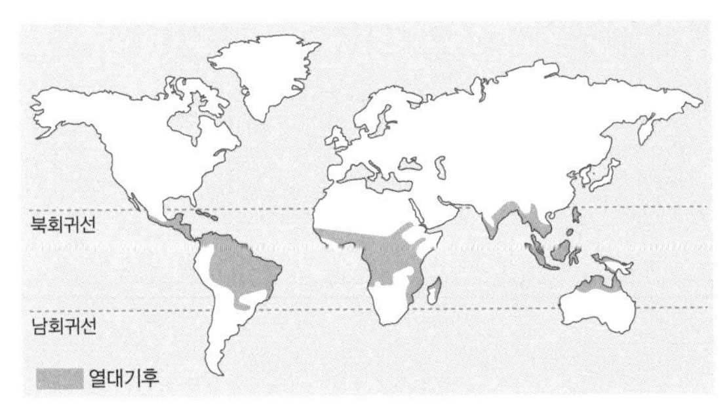

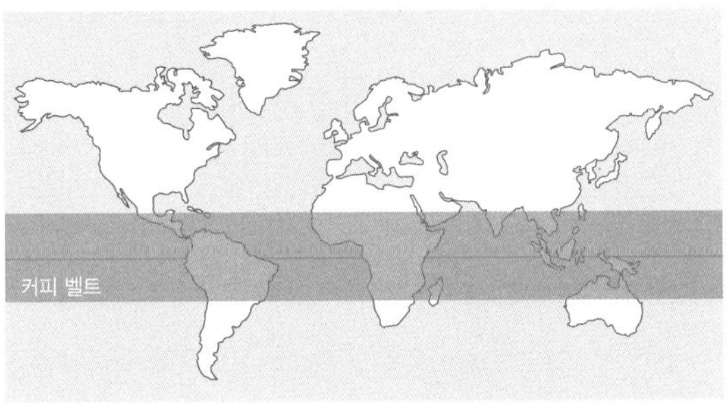

1. 열대기후 지역과 커피 벨트

열대우림기후는 1년 내내 기온이 높고, 강수량이 많습니다. 대부분 적도를 중심으로 남·북위 약 10도 사이에 있는 콩고, 나이지리아, 토고, 말레이시아, 싱가포르, 인도네시아, 브라질 내륙 등에서 나타납니다.

열대계절풍(몬순)기후와 사바나기후는 비가 많이 내리는 시기(우기)와 적게 내리는 시기인 '건기'가 나타납니다. 다만 열대계절풍(몬순)기후 지역에서는 건기에도 비가 제법 내리는 편이어서 건기가 짧은 반면, 사바나기후 지역에서는 건기 때 강수량이 적어 건기와 우기가 '뚜렷'합니다.

그림 2에서 기후 그래프의 기온 분포를 살펴볼까요? 모든 그래프에서 최한월 평균 기온은 18℃ 이상이죠? 따라서 세 지역은 모두 열대기후에 해당합니다. 강수량 분포는 어떤가요? 계절에 따라 차이가 있지만, 싱가포르는 1년 내내 강수량이 많은 열대우림기후에 해당합니다. 반면 하노이와 비사우는 여름에만 강수량이 많은데, 이 기간을 '우기'라고 합니다.

하노이와 비사우의 건기는 어떤가요? 하노이의 건기는 12월부터 3월까지이고, 비사우는 12월부터 5월입니다. 즉 비사우가 하노이보다 건기가 깁니다. 또한 비사우는 건기 때 비가 거의 내리지 않아서 건기가 뚜렷하지만, 하노이는 건기 때도 비가 조금씩 내립니다. 따라서 건기와 우기가 뚜렷한 비사우는 사바나기후이고, 건기와 우기가 있지만 건기가 짧은 하노이는 열대계절풍(몬순)기후에 해당합니다. 열대계절풍(몬순)기후는 태국, 라오스, 캄보디아, 베트남 등 동남아시아 지역에 주로 분포하고, 사바나기후는 동아프리카, 오스트레일리아 북부 내륙, 브라질 남부 지역 등에 나타나고 있습니다.

기후 그래프를 통해 열대계절풍(몬순)기후와 사바나기후를 구별하는

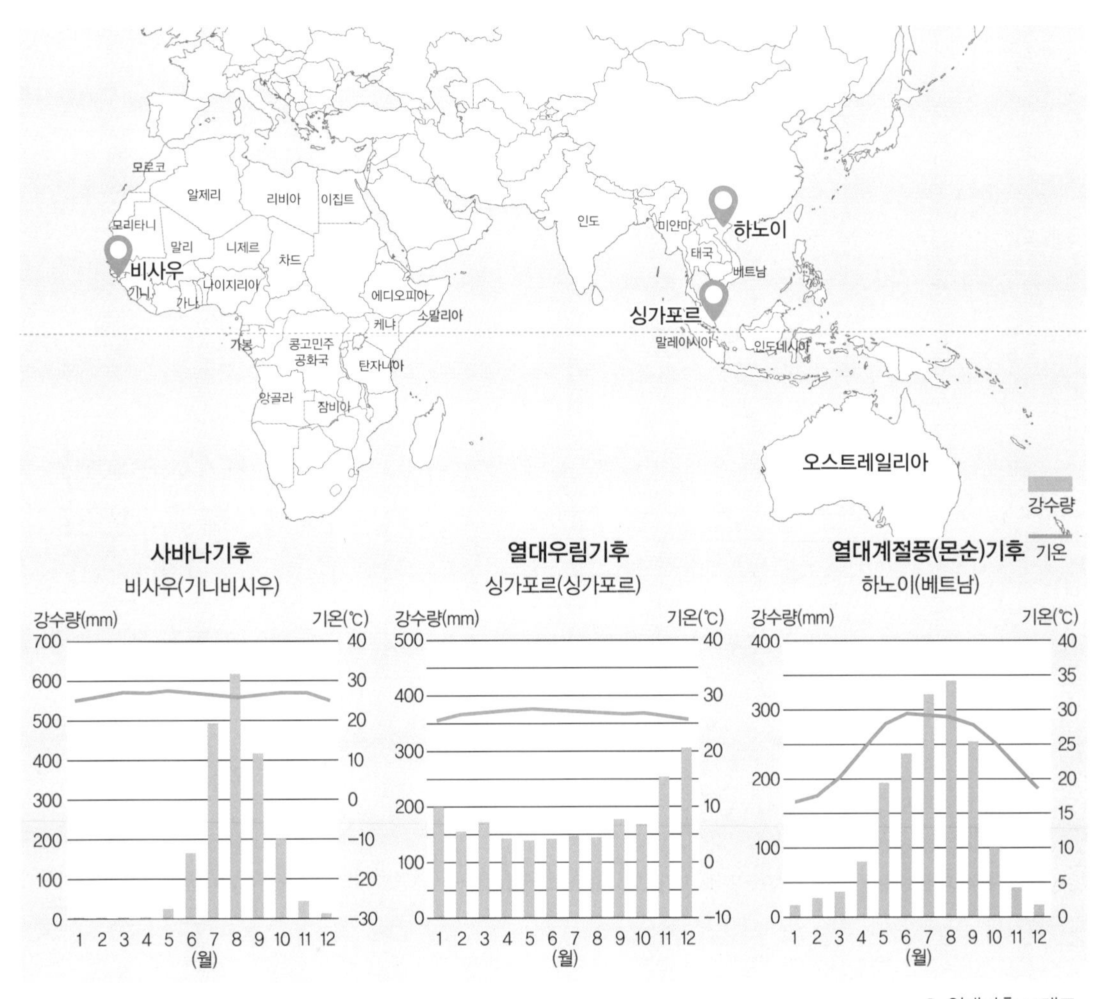

2. 열대기후 그래프

다른 방법이 있습니다. 앞에서 배웠던 것처럼 식생을 통해서 기후를 구분하는 건데요. 건기와 우기가 뚜렷하면 식생이 어떻게 형성될까요? 우기 때에는 강수량이 많아서 식생이 성장하다가 건기에는 물이 부족해서 살자라지 못하겠죠. 그래서 우기 때 자랐던 초록색 풀이 건기 때 말라서 누렇게 변합니다. 다만 계절풍(몬순) 지역은 건기에도 비가 조금 내리기 때문에 식생의 초록색이 변하지 않습니다. 따라서 건기 때 식생이 푸른색을 띠고 있으면 '열대계절풍(몬순)기후', 누렇게 말라 있으면 '사바나기후'로 구분할 수 있습니다. 건기 때 사자가 누렇게 마른 풀 뒤에 숨어서 사냥감을 노리는 모습을 생각하면서 사바나기후의 특징을 기억해 주세요.

열대우림기후

특징: 열대우림기후는 앞에서 싱가포르의 기후 그래프에서도 나타나듯이 연중 기온이 높고, 강수량이 많습니다. 간단하게 '연중 고온 다우'라고도 합니다. 쾨펜은 열대기후를 'Af'로 표시했는데, A는 열대기후, f는 연중 비가 많이 내린다는 의미입니다. 여기서 '비'님을 모시고 열대우림기후 지역에서 1년 내내 비가 내리는 이유를 알아보도록 하겠습니다.

탐구 비님, 나와 주세요.

비 안녕하세요. 지금도 비를 뿌리면서 열일하는 중입니다.

탐구 오늘도 바쁠 텐데 어떻게 인터뷰에 나오셨나요?

비 잠깐 브레이크 타임이에요. 지금쯤이면 사람들이 제가 자리를 비운 걸 알고 있을 거예요.

탐구 열대우림기후 지역에서 계절에 상관없이 비가 많이 내리는 이유가 궁금해서 모셨습니다.

비 아, 그렇군요. 저도 그걸 알려주고 싶었는데…, 제 이야기를 하기 전에 탐구의 생각을 먼저 들어 보고 싶어요.

탐구 처음에는 태풍의 영향으로 생각했습니다. 이 지역에 비가 많이 내린다고 해서 태풍이 비를 자주 몰고 올 거라고 생각했거든요.

비 좋은 생각이지만, 정답은 아니에요. 잘 들어 보세요. 열대우림기후는 적도 주변 지역에 분포합니다. 이 지역은 태양의 일사량이 많기 때문에 지표면은 강한 태양빛을 받아서 가열됩니다. 그러면 지표면에서 상승기류*가 발생해 소나기가 내리는 데, 이 소나기를 '스콜'이라고 합니다. 스콜 덕분에 열대우림기후 지역에서는 비가 계절에 관계없이 자주 내려서 나무가 우거진 밀림을 볼 수 있습니다. 햇빛과 비가 풍부하니 나무들이 얼마나 잘 자라겠어요?

탐구 아, 그렇군요. 그럼, 열대우림기후에서 '우림'의 뜻은 무엇인가요?

비 드디어 탐구가 핵심을 짚었네요. 우림(雨林)은 영어로 rain forest, '많은 비로 만들어진 숲'을 의미합니다. 즉, 열대기후 지역에서 많이 내리는 비가 숲을 만들었기 때문에 열대 '우림' 기후라고 합니다.

탐구 속 시원한 설명 감사합니다.

비 앗, 또 비 뿌릴 시간이 되었네요. 다음에 또 만나요.

열대우림기후의 특징을 다음과 같이 정리할 수 있습니다. 〈연중 고온 다우(기온이 높고 강수량이 많음), 스콜, 밀림 형성.〉

식생: 열대우림기후 지역의 식생은 열대림입니다. 이 지역의 기후는 나무가 자라기 좋은 환경이지만, 나무가 너무 잘 자라서 나무들끼리 치열한 경쟁이 벌어지는 곳입니다. 나무가 햇빛을 보기 위해서 다른 나무보다 더 높이 자라야 하기 때문에 나무의 규모가 다른 기후 지역에 비해 훨씬 큽니

상승기류
대기 중에서 위로 올라가는 공기의 흐름이다. 이때 비가 내리는 경우가 많다.

다. 높이가 무려 60m가 넘는 나무들도 많다고 해요. 키 큰 나무들이 최상층을 점령하고 있으니 지표면에는 빛이 거의 들어오지 않겠죠. 이렇게 나무가 빽빽할 정도로 많은 숲을 '밀림'이라고 합니다. 지역에 따라서 이 밀림을 부르는 이름이 다릅니다. 아프리카 콩고강 유역과 인도네시아 지역의 밀림은 '정글', 브라질 아마존강 유역의 밀림은 '셀바스'라고 합니다. 보너스! 포르투갈어로 셀바스의 뜻은 '숲'이라고 합니다.

주민 생활: 열대우림기후 지역의 주민들은 어떻게 살았을까요? '물고기를 잡으며 산다', '나뭇잎으로 옷을 만들어 입는다', '나무 위에 올라가서 스마트폰을 이용해 셀카를 찍어 인스타에 올린다' 등 다양한 대답이 있을 텐데요. 본격적인 탐구에 앞서 열대우림기후와 식생의 특징을 한번 정리하도록 하겠습니다.

열대우림기후(Af)와 식생의 특징

기후: 연중 기온이 높고, 강수량이 많음, 스콜

식생: 열대림

열대우림기후 지역에서 생존하기 위해 인간은 자연에 적응했습니다. 즉, 자연이 만든 환경을 이용하는 것이죠. 나무에서 바나나, 코코넛 같은 과일을 따 먹거나 짐승을 사냥하고, 주변에서 쉽게 구할 수 있는 재료를 이용하여 집을 지었습니다. 나뭇잎으로 옷도 만들어 입었죠. 농사는 어떻게 지었을까요? 농사가 가능할까요? 나무가 빽빽한 밀림에서 농사짓기란 불가능합니다. 그래서 숲에 불을 놓아서 나무와 풀을 태워 없앤 땅에 농사를 지었습니다. 불에 타고 남은 재가 거름이 되면 농작물이 자라는 데 도움이 되기 때문입니다. 열대우림기후 지역에서 이루어지는 이러한 농업 방식을 화전농업(火田農業)이라고 합니다.

그러나 화전에서 오랫동안 농사짓기는 어렵습니다. 이 지역에 자주 내리는 비로 땅 속에 있는 유기물들이 빗물에 씻겨서 땅이 금방 척박해지기 때문입니다. 그래서 한 번 화전을 일구면 3~5년 사이에 지력이 다해(땅이 비옥하지 않아) 더 이상 농사를 지을 수 없게 됩니다. 그럼 사람들은 어떻게 할까요? 살기 위해서는 새로운 화전을 만들어야겠죠? 그들은 새로운 화전을 만들기 위해 다른 지역으로 이동합니다. 그리고 또 화전을 만들고, 다시 이동하기를 반복하며 농사를 짓습니다. 이처럼 열대우림 지역에 사는 주민들이 화전을 일구며 이동하는 농업 방식을 '이동식 화전농업'이라고도 합니다.

열대기후 지역의 토양인 라테라이트는 붉은색을 띤 적색토입니다. 유기물이 빗물에 씻겨 내려가고 흙 속에 남아 있는 철이나 알루미늄이 산소와 반응해 붉은색을 띠게 됩니다. 라테라이트 토양은 빗물이 흙 속에 있는 영양분을 제거했기 때문에 척박합니다. 또한 라테라이트는 단단하게 굳는 성질이 있습니다. 지표면에 식생이 사라지고 토양에 직접 햇빛이 비치면 땅이 벽돌처럼 굳어져 식물이 살 수 없게 된다고 합니다. 밀림에 화전을 만들었던 주민들이 떠나면 방치된 땅에서 원래의 모습으로 회복하는 데 상당한 시간이 걸리겠죠? '라테라이트'란 라틴어로 '벽돌'을 의미합니다.

만약 여러분이 이동식 화전농업을 하며 살아가는 원주민이라면 집은 어떤 구조로 만들겠습니까? 이 지역이 덥고 습하니까 시원하게 한쪽 벽을

3. 열대기후 지역의 고상 가옥

없애는 건 어떨까요? 열대우림지역 주민들에게 1년 내내 덥고 습한 기후는 큰 과제입니다. 주민들은 어떻게 하면 집에서 시원하고, 쾌적하게 보낼 수 있을까를 고민했어요. 그래서 그림3처럼 통풍이 잘되도록 가옥을 개방적으로 만들었습니다. 또한 이 지역은 강수량이 많습니다. 따라서 빗물이나 습기가 집 안으로 들어오는 것을 막기 위해 집을 땅에서 띄우는 고상 가옥을 만들었습니다. 아이디어가 대단하죠?

열대우림지역 주민들이 아파트에 살면 훨씬 편리할 텐데, 왜 고상 가옥에 거주하는지 궁금해 하는 친구들이 있을 것 같은데요. 아파트는 건축 기술의 발달로 지어진 건축물입니다. 집 내부와 외부가 철저히 분리되어 있고, 아파트 내부에 각종 편의 시설과 공기 순환 시설 등이 갖추어져 있어 쾌적하고 편리합니다. 그러나 고상 가옥은 오늘날과 같은 과학 기술이 발달하기 훨씬 이전에 지역 주민들이 자연환경에 적응하기 위해서 주변에서 쉽게 구할 수 있는 재료를 이용하여 만든 발명입니다. 즉, 자연 친화적인 가옥인 셈이죠.

우리가 기후가 다른 지역 주민들의 생활 모습을 탐구하는 이유는 자연환경에 인간이 적응하거나 극복하면서 만든 문화를 배우면서 자연과 함께 공존하는 인간의 모습을 찾기 위해서 입니다.

산업화 이전에 벼농사를 짓고 살았던 우리나라 사람들은 초가집에서 살았습니다. 초가집은 흙으로 만든 벽돌로 벽을 쌓고, 벼를 수확하고 남은

볏짚으로 지붕을 얹어서 지은 가옥입니다. 초가집의 재료는 주변에서 쉽게 구할 수 있는 것들입니다. 대나무가 많은 전라남도에서는 대나무로 집의 벽을 만들었다고 해요.

그러나 요즘 초가집에 사는 사람은 거의 없습니다. 왜 그럴까요? 건축기술의 발달로 인간이 거주하기에 더 좋은 가옥이 만들어졌기 때문입니다. 우리가 예전처럼 초가집에서 살 수는 없지만 고상 가옥, 초가집은 인간이 자연과 함께 살았던 흔적이자 자연과 함께 공존해야 함을 알려 주는 귀한 문화유산입니다.

열대계절풍(몬순)기후

특징: 열대계절풍기후(Am)*는 계절풍의 영향을 받는 열대기후로 앞의 하노이의 기후 그래프에서 볼 수 있듯 연중 기온이 높고, 건기와 우기가 나타납니다. 열대계절풍(몬순)기후는 대부분 동남아시아나 남아시아에 분포하지만, 브라질 북동부 해안이나 카리브해 연안 일부 지역 등에서도 나타납니다. 열대계절풍(몬순)기후는 위도상으로 적도(0°)와 북회귀선(23.5N) 사이에 위치해 열대기후와 같은 기온 분포가 나타나지만 계절풍의 영향으로 긴 우기와 짧은 건기가 나타나는 특징이 있습니다.

계절풍은 우리나라의 기후에도 영향을 줍니다. 우리나라의 겨울이 춥고 건조한 이유는 시베리아에서 발원한 북서풍의 영향 때문이고, 여름이 덥고 습한 이유는 북태평양에서 불어오는 남동풍 때문인데, 계절에 따라 바람이 방향이 다른 북서풍과 남동풍을 묶어서 '계절풍'이라고 합니다. 계

* Am
쾨펜의 기후 구분에 따르면 m은 f(연중 습윤)와 w(겨울 건조)의 중간형으로, 건기 때 강수량이 사바나기후보다 많다.

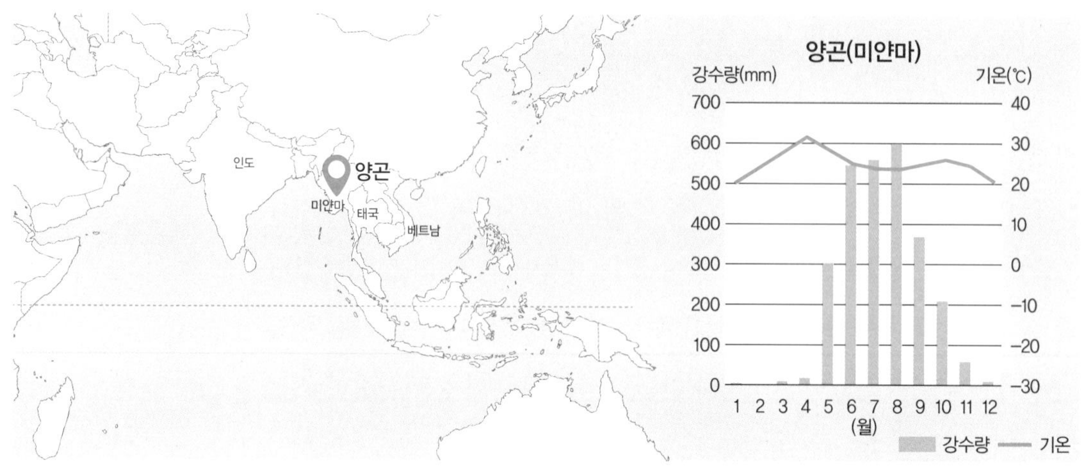

4. 열대계절풍(몬순)기후 그래프

절풍의 원인은 대륙과 바다의 온도차 때문입니다. 여름에는 육지의 온도가 높아서 바람이 바다에서 육지로 불고, 겨울에는 바다의 온도가 높아서 육지에서 바다로 바람이 붑니다. 이렇게 계절에 따라 방향이 달라지는 바람을 계절풍이라고 합니다.

동남아시아의 열대계절풍 지역은 여름에 적도 바다에서 불어오는 남풍의 영향으로 비가 많이 내려 '우기'가 되고, 겨울철에는 북쪽 내륙에서 부는 건조한 바람의 영향으로 강수량이 적은 건기가 됩니다. 우리나라도 계절풍의 영향으로 여름에는 고온 다습하고, 겨울에는 한랭 건조한 기후가 나타납니다. 다만 우리나라는 온대기후 지역이기 때문에 우리나라의 기후를 '온대계절풍기후'라고 합니다. 온대계절풍기후에 대해서는 뒤에서 자세히 살펴볼게요.

식생: 이 지역의 식생은 우기에 잎이 크고 무성해지지만, 건기에는 잎이

떨어집니다. 항상 푸른 잎이 무성한 열대우림과 다릅니다. 또한 나무의 종류가 적고, 나무의 밀도가 적은데, 이는 건기 때 비가 내리지 않아서 생기는 현상입니다. 이러한 산림을 몬순림 혹은 우록림(雨綠林)이라고 합니다. 토양은 열대우림기후처럼 빗물에 의해 유기물이 씻겨 나가 붉은색을 띠는 '라테라이트'입니다.

열대계절풍(몬순)기후는 벼농사에 유리합니다. 여름철 기온이 높고, 강수량이 많기 때문에 벼 성장에 적합합니다. 특히, 겨울에도 기온이 높아서 1년에 벼농사를 두 번 짓는 2기작이 이루어지고 있습니다. 이 지역에서는 벼 외에도 열대작물인 사탕수수, 커피, 목화, 바나나 등이 생산되고 있습니다.

주민 생활: 아시아 지역은 계절풍의 영향으로 여름철 기온이 높고 비가 많이 내려 벼농사에 유리합니다. 벼는 물을 가둔 논에서 생산되기 때문에 물은 벼농사에 매우 중요합니다. 그래서 우리나라 사람들은 벼농사에 필요한 물을 저장하기 위해 보, 저수지를 만들었습니다. 그럼, 벼농사는 아시아에서만 가능할까요? 그렇지 않습니다. 벼는 아시아 지역에서 주로 생산되지만 유럽 일부 지역, 아프리카, 아메리카, 오스트레일리아 등 약 100여 개 이상의 나라에서 생산되고 있습니다. 특히, 미국은 자국에서 소비하지 않는 쌀을 대량 생산하고 있는데, 이는 쌀을 무기로 자국의 이익을 추구하려는 경제 전략입니다.

벼는 다른 작물에 비해 단위면적당 생산량이 많습니다. 같은 면적의 땅에 벼와 밀을 각각 한 포기씩 심으면 쌀 수확량이 밀 수확량보다 많습니다. 즉, 쌀의 인구부양력*이 밀보다 더 높습니다. 아시아 지역의 출산율이

인구부양력
국민이 일정한 양의 자원으로 생활할 수 있는 능력을 뜻한다.

세계적으로 높은 것도 쌀 생산과 관계가 있습니다. 인구수 세계 1위는 중국이고, 2위 인도, 4위 인도네시아, 5위 파키스탄, 8위 방글라데시로, 세계 인구 순위 10위 이내에 아시아 국가가 절반을 차지하고, 상위 세 나라의 인구를 합하면 약 30억 명이라고 합니다(2020년 통계 기준).

동남아시아 지역에 가면 빼놓을 수 없는 먹거리가 있죠. 바로 볶음밥입니다. 각종 야채와 밥 그리고 과일을 넣어서 만든 이 지역의 볶음밥 종류는 수백 가지가 넘는다고 합니다. 대단하죠? 이렇게 동남아시아 지역에 볶음밥 문화가 발달한 이유는 무엇일까요? '볶음밥이 맛있어서', '볶음밥 외에 할 수 있는 음식이 없어서', '볶음밥 개발에 올인해서' 등 다양한 추론이 가능한데요. 여러분, '발달'이 무슨 뜻인가요? '발달'은 성장이나 성숙 혹은 수준이 높아지는 것을 의미합니다. 동남아시아에서 볶음밥이 발달했다는 건 볶음밥을 만드는 솜씨가 좋다는 의미죠. 그만큼 볶음밥을 자주 만들어 봤다는 뜻이겠죠?

그렇다면 '왜' 이 지역 사람들은 볶음밥을 자주 만들어 먹었을까요? 동남아시아는 열대기후 지역이어서 기온이 높습니다. 그래서 음식이 상하기 쉬우므로 부패를 막기 위해 음식을 기름에 볶거나 튀겼습니다. 기름 막이 공기와의 접촉을 막아 음식이 상하는 것을 막기 때문입니다. 이러한 원리를 이용해 동남아시아 사람들은 볶음밥을 자주 만들어 먹었고, '뭔가 새롭고 맛있는 볶음밥 없을까?'를 고민한 끝에 다양한 레시피를 가진 볶음밥 문화가 발달하게 되었습니다. 볶음밥은 동남아시아에서 꼭 먹어야 할 음식이 되었습니다. 여러분도 동남아시아 현지에 가면 볶음밥 요리를 꼭 먹어 보세요.

사바나기후

특징: 연중 기온이 높고, 건기와 우기가 뚜렷한 사바나기후는 Aw(A는 열대기후, w는 겨울 건조)로 표시합니다. 대체로 열대우림기후 주변에 분포하며, 여름에는 적도 부근에 형성된 적도저압대*의 영향으로 비가 많이 내리고(우기), 겨울에는 위도 30° 부근에 위치한 아열대고압대의 영향으로 비가 거의 내리지 않습니다(건기). 아래의 그래프에서 확인할 수 있듯이 열대계절풍(몬순)기후의 강수량 특징과 비슷하지만 사바나 지역에서는 건기 때 비가 거의 내리지 않고, 계절풍기후 지역보다 건기가 길어서 숲이 아닌 넓은 초원이 형성됩니다. 사바나의 열대초원은 많은 동물들이 살고 있는 야생 동물들의 천국입니다.

그림 6은 남아메리카의 식생 분포입니다. 적도 가까운 지역에는 열대 밀림이 있고, 그 주변에 열대 초원이 분포하고 있습니다. 콜롬비아, 베네수엘

* 적도저압대
아열대고압대에서 불어온 바람이 수렴하는 곳으로, 상승기류가 형성되어 비가 많이 내린다. 적도수렴대, 적도무풍대, 열대수렴대라고도 한다.

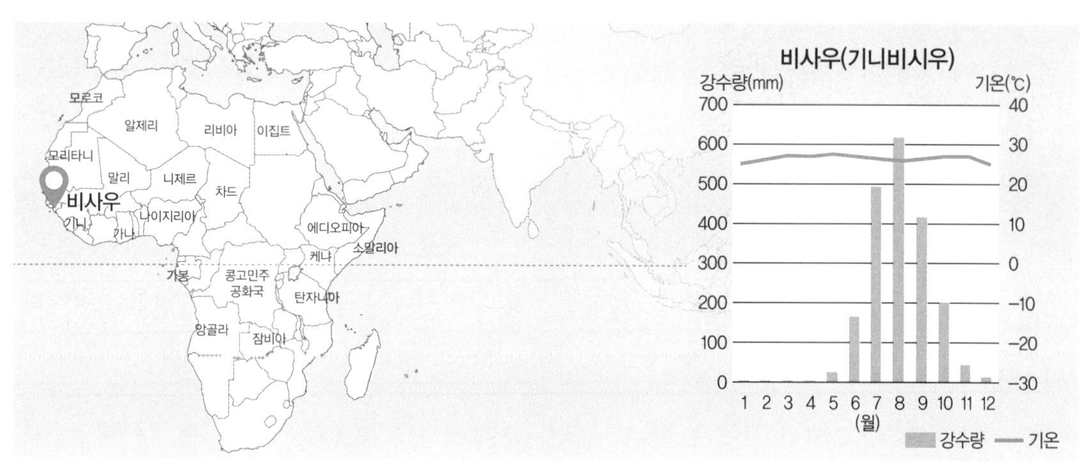

5. 사바나기후 그래프

6. 남아메리카의 열대 밀림과 열대초원(사바나) 지역

라 주변에 형성된 열대초원을 '야노스'라고 합니다. '야노'란 스페인어로 '평원'을 의미합니다. 기복이 거의 없는 평평한 땅에 초원이 넓게 펼쳐졌다는 뜻이겠죠. 우기 때 야노스를 관통하는 오리노코 강물이 1m 이상 범람한다고 합니다. 비의 양이 대단하죠? 이 지역에서는 열대초원에서 목축이 이루어지고 있습니다.

캄푸스는 브라질 셀바스 남쪽에 위치한 열대초원입니다. 여기서도 주로 목축이 이루어졌으나 관개시설을 이용하여 면화, 밀, 옥수수, 사탕수수를 생산하고 있습니다. 열대초원인 캄푸스와 야노스는 데칼코마니처럼 열대우림 기후 지역인 셀바스를 중심에 두고 대칭을 이루고 있습니다. 마치 열대초원이 열대우림 주위를 감싸고 있는 것 같죠. 대체로 열대우림기후 주변 지역에 사바나기후가 분포한다는 것을 기억하세요.

식생: 사바나는 열대초원을 의미하고, '나무가 없는 평야'란 뜻의 스페인어에서 유래했습니다. 이 지역의 식생은 건조초원°과 달리 키가 작은 관목°과 긴 풀(장초)이 자라는 게 특징입니다. 식생은 비가 많이 내리는 우기에 성장하고, 건기에는 강수량이 적기 때문에 식물뿐만 아니라 동물들에게도 혹독한 기간입니다. 하지만 사바나 초원이 동물들에게는 최고의 장소입니다. 다큐멘터리에서 기린이 관목의 나뭇잎을 뜯어 먹는 모습, 표범이나 사자가 풀 속에 몸을 낮추고 물소나 얼룩말에게 살금살금 접근하는 장면들도 모두 사바나의 열대초원에서 볼 수 있는 모습들입니다.

건조초원
스텝기후에서 형성된 풀의 길이가 짧은 단초초원이다.

관목
키가 2m 이하로 작고, 덤불로 구성된 나무이다.

주민 생활: 이 지역 사람들은 물과 풀을 찾아 이동하는 유목을 하거나 옥수수, 카사바*와 같은 열대작물을 생산합니다. 최근에는 관개 시설의 확충으로 목화, 사탕수수, 커피 등의 생산이 활발해지면서 고소득 상품 작물로 주민들의 소득도 높아지고 있습니다. 이러한 변화로 농사를 지으며 한곳에 정착하려는 사람의 숫자가 늘면서 이 지역의 전통 농업인 유목이 점점 쇠퇴하는 추세입니다.

사바나 지역에서는 사파리 관광이 큰 인기를 끌고 있습니다. 다큐멘터리에서 물소들이 악어가 많은 강물을 줄지어 건너는 장면을 보면 가까이에서 직접 동물들의 모습을 보고 싶죠. 동물원에 갇힌 동물들의 힘없는 모습을 보는 것보다 동물들이 자유롭게 움직이는 모습이 보고 싶을 때가 있습니다. 동물들의 모습을 생동감 있게 보고 싶다면 사바나 지역의 '사파리' 관광을 추천합니다. 원래 사파리는 스와힐리어(아프리카어)로 '여행'이라는 뜻인데, 사냥감을 찾기 위해 돌아다니던 아프리카의 전통문화를 의미합니다. 우리들에게 사파리의 목적이 여행이라면, 아프리카 사람들에게는 생명을 건 도전이었습니다.

열대 지역의 고산기후

콜럼버스가 신대륙을 발견하기 전까지 아메리카에서 가장 큰 나라는 잉카제국이었습니다. 잉카제국은 남아메리카 안데스산맥 주변을 지배했습니다. 잉카제국의 수도였던 페루 남부의 도시 쿠스코는 해발 3,399m, 인구 약 30만 명이 거주하는 대도시입니다. 오래전부터 해발고도가 높은 이

* 카사바
열대와 아열대에서 널리 분포하는 나무로, 뿌리가 알코올의 원료가 된다.

곳에 사람들이 모여 사는 데는 기후가 중요한 역할을 했습니다. 쿠스코의 일평균 기온은 10.8℃(7월)~12.9℃(1월)입니다. 여름과 겨울의 기온차가 거의 없고, 1년 내내 선선합니다. 7월이 1월보다 일평균 기온이 낮은 이유는 쿠스코가 남반구에 있어 북반구와 계절이 반대라서입니다. 즉, 7월이 겨울이고, 1월이 여름이에요.

쿠스코는 남위 13°에 위치해 위도상으로 열대기후 지역입니다. 열대기후 지역은 연평균 최저 기온이 18℃ 이상이죠? 그러나 그림7에서 쿠스코의 연평균 기온은 10℃~15℃입니다. 이상하죠? 왜 쿠스코의 연평균 기온이 열대기후보다 낮을까요? 위도상으로 쿠스코는 열대기후대에 해당합니다. 그러나 해발고도가 높아서 열대기후 지역보다 기온이 낮습니다. 이처럼 해발고도가 높은 열대기후 지역에 1년 내내 나타나는 서늘한 기후를 고산기후(H) 또는 상춘기후•라고 합니다.

상춘기후
상춘(**常春**)은 항상 봄이 계속된다는 의미이다.

에콰도르의 도시인 키토는 적도가 지나는 곳에 위치하고 있습니다. 키토의 정확한 위치는 남위 0°15′으로 '영도 십오 분'으로 읽습니다. 이 지역이 적도에 있기 때문에 당연히 열대기후 지역이라고 생각하겠지만, 해발고도(약 2,850m)의 영향으

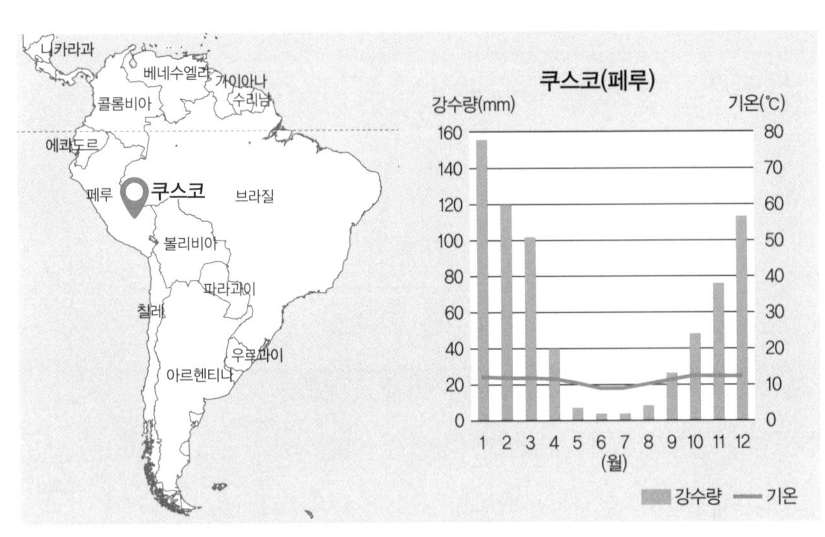

7. 쿠스코의 위치와 기후 그래프

로 고산기후가 나타납니다. 그림8은 키토와 브라질 아마존의 기후 그래프입니다. 1년 동안 두 지역의 기온은 대체로 일정합니다. 그러나 키토의 연평균 기온은 10~15℃이고, 아마존은 20~25℃에 분포하고 있습니다. 두 지역의 기온차가 뚜렷하게 보이죠? 키토가 고산 지역이 아닌 저지대에 위치했다면 아마존처럼 1년 내내 기온이 높았겠지만, 해발고도의 영향으로 연중 기온이 서늘한 고산기후가 된 것입니다.

'땅이 평평한 열대기후 지역'과 '산이 많은 고산기후 지역' 중에서 여러분은 어느 곳에서 살고 싶은가요? 이 지역 사람들은 평평한 땅보다 서늘한 기후를 선택했습니다. 산지가 평지보다 거주와 이동에 불리하지만, 서늘한 기후가 주는 매력이 열대지역의 고온다습한 저지대보다 크기 때문이에요. 2019년 인구 조사에 따르면 키토에 거주하는 사람은 약 190만 명이라고 합니다. 예나 지금이나 남아메리카 안데스산맥은 선선한 기후를 찾는 사람들에게 인기입니다.

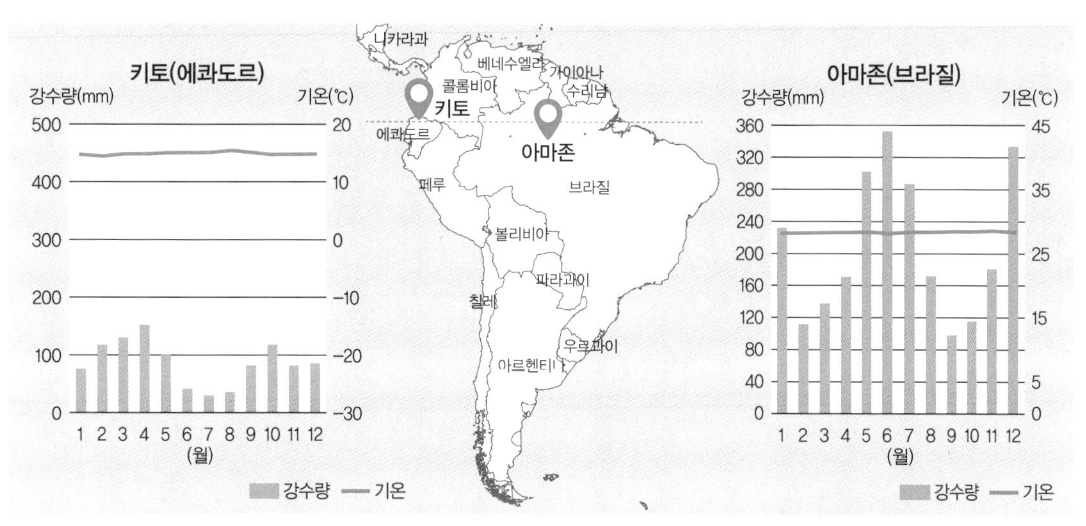

8. 키토와 아마존의 위치와 기후 그래프

코트디부아르의 코코아

코트디부아르는 서아프리카 적도 주변에 위치한 열대우림기후 지역입니다. 이곳의 열대우림에는 다양한 식생이 분포하고 침팬지, 오랑우탄 등 많은 동물들이 살고 있었습니다. 그러나 이 지역에서 생산되는 코코아가 인기를 끌자 생산을 늘리기 위해 밀림을 없애고, 카카오나무를 심기 시작했습니다. 그 결과 코트디부아르는 전 세계 코코아 생산량의 40%를 차지하는 세계 최대의 코코아 농업국이 되었습니다. 그러나 식생의 파괴로 밀림의 면적이 줄고 야생동물의 수도 감소했습니다.

코코아 생산으로 인한 부작용을 줄이기 위해 코트디부아르 정부가 나섰습니다. 코코아 붐을 타고, 밀림이 급속히 파괴되는 것을 정부도 우려한 것입니다. 코트디부아르 정부는 무분별한 식생의 훼손을 막기 위해 밀림 개발을 엄격하게 통제했습니다. 그러나 여전히 정부의 허가를 받지 않은 코코아 재배가 성행하고 있고, 불법적으로 생산된 코코아가 정부의 정식 허가를 받아 판매되는 코코아와 함께 유통되면서 정부의 노력이 무의미해지고 있습니다. 만약 지금의 추세대로 코코아 재배로 밀림이 계속 파괴된다면 2030년에는 코트디부아르의 모든 열대우림이 사라질지도 모른다는 경고가 나오고 있습니다.

9. 열대우림기후의 코티드부아르

이러한 열대우림의 파괴에도 불구하고, 초콜릿 수요가 감소하지 않으면 코코아 재배 면적은 꾸준히 증가할 것으로 예상됩니다. 초콜릿에 대한 수요가 증가하면 코코아 가격도 상승하기 때문에 열대우림의 파괴도 늘어날 것입니다. 누군가는 코코아가 코트디부아르 경제를 살린다고 이야기하지만 정작 코코아를 생산하는 농민들은 코코아가 주는 혜택을 누리기 어려워 보입니다. 코코아 가격이 상승해도 대부분의 코코아 농민들의 임금은 여전히 낮기 때문입니다. 결국 코코아 생산 증가로 얻는 이익은 플랜테이션 농장주에게 돌아가고, 피해는 대다수 코코아 농민들과 밀림에 살고 있는 동물들이 입고 있습니다. 코코아의 현실, 우리가 한번쯤 생각해야 할 문제 아닐까요?

주먹밥을 만들지 못하는 쌀

식사 중에 친구들과 이야기하다 보면 가끔 옷이나 입가에 밥알이 붙어 있는 경우가 있습니다. 밥알이 중력의 힘을 이겨 아래로 떨어지지 않고 태연하게 붙어 있는 건 밥알에 찰기가 많이 때문인데, 이러한 밥알의 특성을 점성이라고 합니다. 쌀의 점성은 아밀로스의 함유량으로 결정됩니다. 아밀로스는 단맛을 내는 성분으로, 아밀로스 함량이 높을수록 쌀의 찰기는 떨어집니다. 우리나라에서 생산되는 쌀은 아밀로스 함량이 17~20%로 찰기가 있고, 맛도 좋은 것으로 알려져 있습니다.

우리나라에서 주로 생산되는 쌀 품종은 둥글고 크기가 작은 '자포니카'입니다. 자포니카는 온대기후 지역에서 잘 자라는 품종으로 맛이 뛰어나지만 질병에 취약한 단점이 있습니다. 그래서 농부들이 병충해를 막기 위해 소독약을 뿌리고, 논에 물을 적절히 공급해 벼가 튼튼하게 자라도록 합니다. 자포니카는 세계 쌀 생산량의 약 10%를 차지하고 한국, 일본, 대만 등에서 주로 생산됩니다.

10. 온대기후 지역의 자포니카와 열대기후 지역의 인디카

열대기후 지역에서 잘 자라는 인디카는 병충해에 강해 생산성이 높습니다. 인디카는 모양이 길쭉하고, 익으면 찰기가 없는 것이 특징인데, 김에 인디카를 싸서 먹고 싶으면 김 위에 인디카를 조심스럽게 올려놓고, 두 손으로 살며시 잡아 입 속에 넣어야 합니다. 자포니카처럼 숟가락에 밥을 떠서 김에 콕 찍어서 먹을 수가 없습니다. 그렇게 하면 밥알이 와르르 떨어지게 되거든요. 인디카는 세계 쌀 생산량의 약 90%를 차지하고, 대부분 동남아시아 지역에서 생산됩니다.

인디카 쌀은 찰기가 없어서 주먹밥을 만들 수 없습니다. 우리가 소풍이나 나들이 갈 때 먹는 김밥도 동남아시아에서는 탄생할 수 없는 음식이겠죠. 결국 우리나라의 인기 있는 먹거리인 주먹밥과 김밥을 탄생시킨 주역은 자포니카였습니다. 초밥은 어떨까요? 역시 자포니카의 찰기로 탄생한 음식입니다.

플랜테이션 농업

플랜테이션은 유럽의 식민 지배로 시작된 농업 방식입니다. 유럽인들은 열대기후 지역에서 생산되는 작물에 관심이 많았습니다. 유럽 대부분 지역이 온대 · 냉대 기후여서 열대 지역의 농산물은 유럽에서 특별한 대우를 받았습니다. 그중에서도 고기 냄새를 없애 고기의 맛과 향을 높이는 향신료의 인기는 으뜸이었습니

다. 그래서 인도산 향신료를 유통했던 유럽 상인들은 엄청난 부를 축적했습니다. 콜럼버스가 위험을 무릅쓰고 인류 최초로 대서양을 횡단한 것도 인도산 향신료를 가져올 새로운 길을 찾기 위한 것이었던 만큼, 열대 지역의 농산물 수입은 유럽 상인들에게 큰 부를 안겨 주는 보물이었습니다.

유럽에서 열대 지역의 농산물이 인기를 끌자 유럽 상인들은 농산물의 안정적인 확보에 관심을 갖게 되었습니다. 열대 지역에 대농장을 만들어 농산물을 생산하는 것이죠. 때마침 신항로 개척으로 바닷길이 열리면서 유럽 상인들이 경쟁적으로 아프리카, 동남아시아, 아메리카 지역의 열대지방에 진출해 커피, 사탕수수, 카카오 등의 열대 농작물을 생산하기 시작했습니다. 현지에서 생산하고, 유럽으로 가져오면 안정적인 공급처 확보로 더 많은 이익을 얻을 수 있기 때문입니다.

그럼 대농장에서 일하는 사람은 누굴까요? 대농장이 있는 지역의 원주민들입니다. 유럽 사람들은 농장 시설에 필요한 돈을 투자하고, 농장을 운영하고 관리했습니다. 농장에서 일하는 사람들은 대부분 그 지역의 주민들이었습니다. 이렇게 열대기후 지역에서 유럽인의 자본과 기술이 현지인의 노동력과 결합한 새로운 농업 형태가 등장했는데, 이를 '플랜테이션'이라고 합니다.

지금도 열대기후 지역에서는 플랜테이션 농업이 이루어지고 있습니다. 이 지역에 진출한 다국적 기업들이 자본과 기술력을 앞세워 대농장을 만들어 지역 주민들의 노동력을 이용하고 있습니다. 그럼, 왜 여전히 현지인들의 노동력을 이용할까요? 열대기후 지역은 대부분 개발도상국이어서 임금이 저렴하기 때문입니다. 우리나라 글로벌 기업들이 베트남, 인도네시아, 말레이시아 등 개발도상국에 공장을 짓고, 공장 근로자를 현지에서 채용하는 것과 같습니다.

플랜테이션 농업의 특징은 하나의 상품작물만 생산하는 것인데, 이를 '단일 재배'라고 합니다. 단일 재배를 하면 여러 종류를 생산할 때보다 비용이 낮아 가격 경쟁력을 높일 수 있습니다. 우리나라 ○○기업이 서울 절반 크기의 인도네시아 땅에 과자나 라면의 원료로 쓰이는 팜유 농장을 만든 이유도 단일 재배의 경제적 효과를 높이기 위해서입니다. 그러나 최근에는 플랜테이션 농장에서도 여러 종류의 작물을 심는 경우가 있다고 합니다.

플랜테이션은 선진국 자본에 개발도상국의 농업이 종속되는 결과를 초래하고, 농업 생산에서 얻은 대부분의 이익이 선진국에 귀속되어 개발도상국의 농업이 선진국 농업에서 벗어날 수 없는 새로운 경제 식민지를 만들 가능성이 있습니다. 또한 플랜테이션 농업으로 바나나, 사탕수수 같은 상품작물이 대규모로 생산되기 때문에 쌀이나 밀 등 곡물 생산의 감소로 식량 부족 문제를 초래할 수도 있습니다.

핵심 개념 정리하기

열대기후의 특징

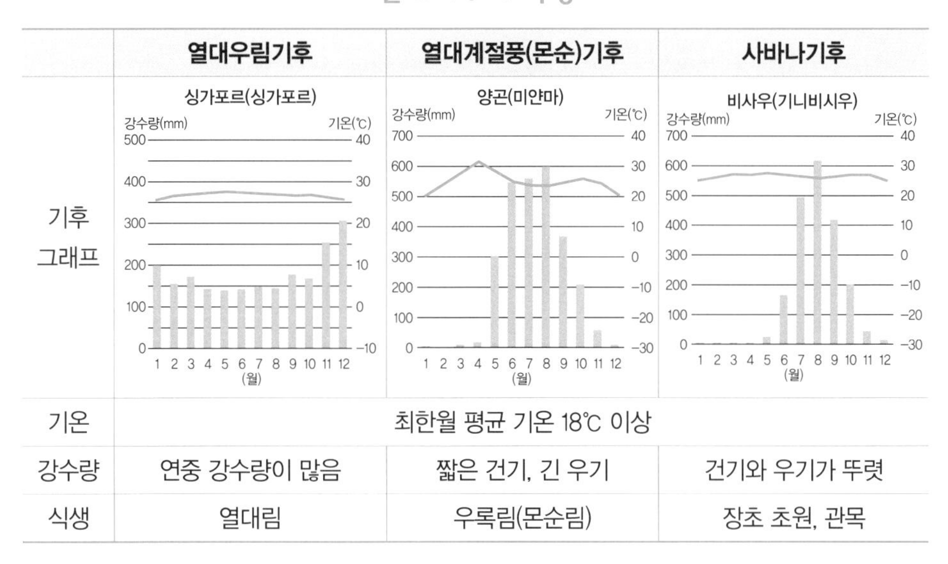

	열대우림기후	열대계절풍(몬순)기후	사바나기후
기후 그래프	싱가포르(싱가포르)	양곤(미얀마)	비사우(기니비사우)
기온	최한월 평균 기온 18℃ 이상		
강수량	연중 강수량이 많음	짧은 건기, 긴 우기	건기와 우기가 뚜렷
식생	열대림	우록림(몬순림)	장초 초원, 관목

08 건조기후란 무엇일까?

- 건조기후를 강수량에 따라 사막기후, 스텝기후로 구분할 수 있다.
- 사막기후와 스텝기후의 차이점을 설명할 수 있다.

건조기후, 어디에 있을까?

건조기후(B) 지역은 연평균 강수량이 500mm 미만인 곳입니다. 이 건조기후는 강수량이 250~500mm인 스텝기후(BS)와 250mm 미만인 사막

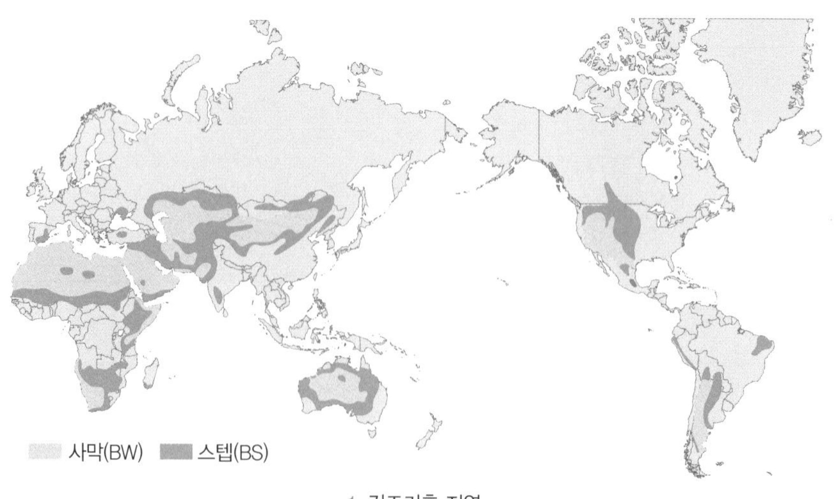

1. 건조기후 지역

기후(BW)로 구분됩니다.

사막기후는 남회귀선과 북회귀선이 지나는 지역, 대륙의 내부, 한류가 흐르는 대륙의 서안에 분포하고, 강수량보다 증발량이 많아 건조하고 일교차가 큽니다. 사막기후는 아프리카 사하라사막, 대서양 연안에 위치한 남아프리카 나미브사막, 몽골 고비사막과 중국 내륙의 타클라마칸사막, 오스트레일리아의 그레이트빅토리아사막, 칠레의 아타카마사막, 미국의 모하비사막 등 전 세계에 분포합니다.

스텝기후(BS)는 상대적으로 사막기후 지역보다 강수량이 많아 초원이나 관목과 같은 식생이 분포합니다. 앞의 지도에서처럼 스텝기후는 카자흐스탄, 우즈베키스탄 등 중앙아시아 대부분 지역과 서남아시아의 터키, 이란 일부 지역, 아프리카 사하라사막 주변과 미국의 중부 평원, 아르헨티나의 팜파스*, 오스트레일리아 사막 주변에 분포합니다. 핵심은 스텝기후가 사막 주변에 분포한다는 겁니다.

사막기후와 스텝기후의 차이

건조기후는 연평균 강수량 250mm를 기준으로 사막기후와 스텝기후를 구분짓습니다. 다음 자료에서 볼 수 있는 이집트 카이로의 월별 강수량은 거의 없을 정도로 매우 적습니다. 반면 몽골 울란바토르의 강수량은 겨울철에 비해 여름철에 상대적으로 많지만, 열대기후나 온대기후 지역에 비해 훨씬 적습니다. 앞에서 두 기후를 '강수량'으로만 구분했습니다. 즉 건조기후는 기온에 관계없이 연평균 강수량 500mm 미만입니다. 만약 기

* 팜파스
아르헨티나 중심부에 위치한 넓은 평원이다.

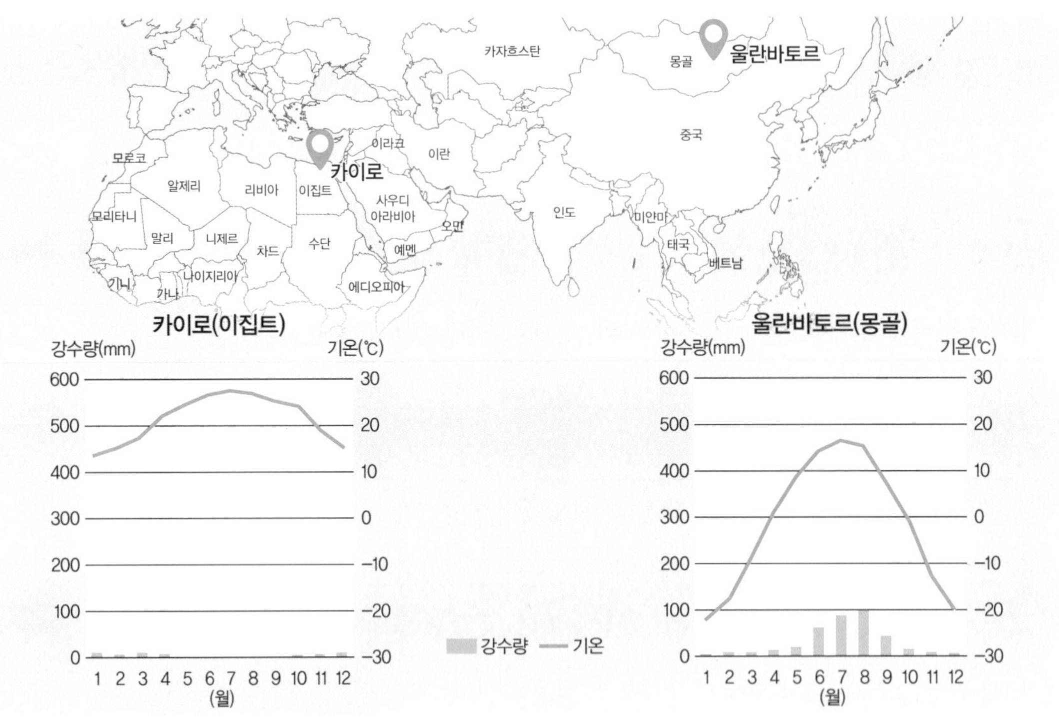

2. 사막기후(카이로)와 스텝기후(울란바토르)

온 분포로 기후를 구분한다면 카이로의 기후는 온대기후에, 울란바토르의 기후는 냉대기후에 해당하지만 강수량이 500mm 미만이어서 기온에 관계없이 건조기후입니다. '건조기후는 강수량 500mm 미만' 이것을 꼭 기억하세요.

3. 아프리카의 건조기후 지역

북회귀선이 지나는 아프리카 북부 지역에는 사하라사막이 자리 잡고 있습니다. 지구상에서 가장 더운 곳 중에 하나로 강수량에 비해 증발량이 많아 사막기후가 나타납니다. 사하라사막 남쪽에는 스텝기후 지역인 사헬지역이 있습니다. 사헬은 아랍어로 '변두리'라는 뜻으로 사막보다 강수량이 조금 많아 건조초원이 분포합니다. 이곳에서는 풀과 물이 있는 곳으로 가축을 이동시키면서 키우는 유목이 이루어집니다. 여기서 문제! 사헬지역의 남쪽에는 어떤 기후가 나타날까요?

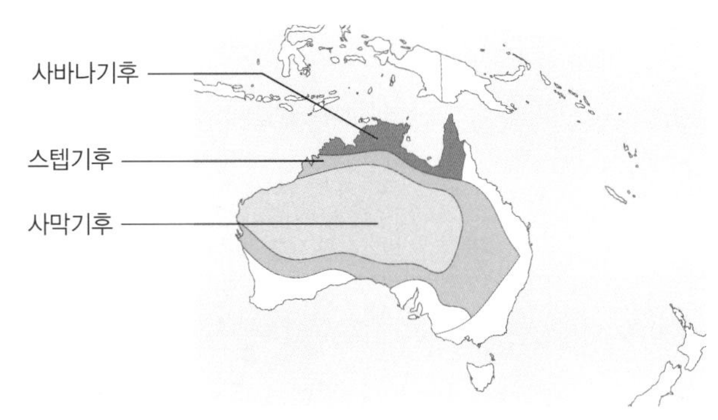

4. 오스트레일리아의 기후 분포

사헬지역 남쪽은 적도와 가깝기 때문에 열대기후가 나타나겠죠? 열대기후 중에서 사헬지대 남쪽 지역에는 사바나기후가 분포합니다. 사헬지역과 같은 스텝기후 지역은 사바나기후와 사막기후 사이에 있기 때문에 사바나 지역의 긴 풀(장초)와 짧은 풀(단초) 지대가 혼합하여 나타나기도 합니다. 이렇게 두 기후 지역의 모습이 섞여서 나타나는 지역을 점이지대°라고 합니다.

오스트레일리아는 국토의 절반 이상이 건조기후 지역입니다. 호주 중부와 서부 지역에 사막이 넓게 펼쳐져 있고, 사막 주변에 스텝기후 지역이 자리 잡고 있습니다. 호주는 스텝기후 지역에서 밀을 생산합니다. 호주의 밀은 북반구와 수확 시기가 달라서 비교적 높은 가격에 거래됩니다. 또한 스텝 지역의 넓은 초원에서는 소나 양을 대규모로 키우는 기업적 방목도 이루어집니다. 호주산 쇠고기 들어 본 적 있죠? 현재 우리나라에도 많은 양이 수입되고 있습니다.

그림 3과 4를 보면 기후 분포의 일정한 패턴을 발견할 수 있습니다. 눈치가 빠른 학생은 벌써 사바나-스텝-사막의 분포가 눈에 들어올 텐데요. 이러한 기후 분포가 나타나는 이유는 적도에서 남·북회귀선으로 갈수록 강

점이지대
두 지역 사이에 위치하면서 서로 다른 지리적 특징이 섞여서 나타나는 곳이다.

수량이 감소하기 때문입니다. 그래서 적도 지역에서부터 열대우림기후, 사바나기후, 스텝기후, 사막기후 순으로 기후가 분포하는 것이죠. 이는 남·북회귀선에 자리 잡고 있는 아열대고압대의 영향 때문입니다. 이러한 기후 분포는 바다의 영향을 받지 않는 대륙에서 주로 나타납니다.

사막기후

식생: 사막기후 지역은 지표면에 물이 부족해서 식생이 빈약합니다. 그럼, 사막에 사람이 살 수 있을까요? 사람이 사막에 거주하려면 물이 있어야 하는데, 사막 어디에 물이 있을까요? 다행히 사막에는 오아시스가 있습니다. 갑자기 어떤 물건이 필요한데 어디에 있는지 몰라서 애타게 찾고 있던 바로 그때, 누군가 나타나 간절히 찾고 있던 그것을 준다면 우리는 그 사람을 '오아시스 같은 존재'라고 하죠. 바로 그 오아시스가 사막에서 물을 얻을 수 있는 장소입니다. 오아시스 주변에 식생과 취락이 분포하는데, 사막 인구의 약 70%가 이곳에 거주합니다.

주민 생활: 사막기후에서는 나무가 잘 자라지 않습니다. 또한 물도 부족합니다. 게다가 거친 모래바람이 몸을 휘감고 불어오면 몸에 상처가 생길 정도로 힘이 강력합니다. 햇빛도 뜨거워서 거주와 농업 활동에 불리합니다. 그러나 사막의 척박한 환경에서도 사람들은 자연환경에 적응하고, 때로는 자연환경을 극복하면서 독특한 문화를 만들었습니다. 이 지역 사람들은 뜨거운 햇빛과 모래로부터 몸을 보호하기 위해 칸두라(남성 전통 의

상), 부르카(여성 전통 의상), 케피야(남성용 모자) 등을 착용합니다. 아무리 더워도 외출할 때 반드시 착용해야 하는 필수 아이템이 지금은 이 지역을 대표하는 전통 복장이 되었습니다.

이 지역 사람들은 흙으로 집을 짓습니다. 왜 그럴까요? 주변에서 흙을 쉽게 구할 수 있기 때문이에요. 열대기후 지역에서 나무로 집을 짓거나 나무 위에 집을 짓는 것과 대조적인 모습입니다. 그럼, 흙으로 어떻게 집을 지을까요? 또한 사막의 혹독한 더위를 피하기 위해서 집의 내부 구조를 어떻게 만드는 것이 좋을까요?

이 지역 사람들은 흙으로 벽돌을 만들어 집을 짓습니다. 우리나라에서 황토 벽돌 집을 짓는 것과 비슷합니다. 흙벽돌은 단열 효과가 뛰어나 뜨거운 사막의 열기를 차단하는 데 효과적입니다. 그리고 언제 내릴지 모르는 빗물을 저장하기 위해 지붕을 편평하게 만듭니다. 또한 외부의 열기가 집 내부로 들어오는 것을 막기 위해 창문의 크기는 작고, 벽은 두껍게 만들어 가옥의 형태가 폐쇄적입니다. 아이디어가 좋죠? 만약 벽과 창문을 전면 유리창으로 시공한다면 어떨까요? 건물 내부가 너무 더워서 지옥을 맛볼 수도 있겠죠? 그러나 건물 내부에 냉방 시설을 갖춘 현대식 건축물이 사막기후 지역에도 속속 들어서고 있습니다. 영화 「미션 임파서블 3」에서 남자 주인공이 아랍에미리트의 버즈 두바이 건물 유리창을 손으로 집고 올라가는 장면은 사막에 부는 변화를 보여 주고 있습니다.

사막기후 지역에서 농사를 지으려면 물이 있는 지역에 살거나 물을 끌어와야 합니다. 그래서 이 지역 사람들은 오아시스 주변에서 건조기후에 강한 대추야자나 목화 등을 재배하기도 하고, 지하 수로를 이용해 물을 끌어와 농사를 짓습니다. 그런데 왜 힘들게 지하 수로를 만들어 물을 가져올까요? 물이 귀한 지역이라 물의 증발을 막기 위해서입니다.

스텝기후

식생: 스텝기후 지역에서는 지역에 따라 단초나 장초 초원이 형성됩니다. 토양은 검은색의 비옥한 흑토로 밀이나 목화 등을 재배하기에 적합합니다. 그러나 강수량이 풍부하지 않아 나무가 자라지 못하는 무수목 지대입니다. 참고로 스텝기후와 사바나기후 지역의 구분이 어렵다면 나무의 유무를 확인하면 쉽습니다. 사바나 지역과 스텝 지역에는 공통적으로 초원이 형성되지만, 초원에 나무가 있으면 사바나, 없으면 스텝으로 구분할 수 있습니다.

주민 생활: 스텝기후 지역의 생활 모습은 지역에 따라 다양합니다. 아프리카나 서남아시아, 몽골, 중국 내륙 지역에서는 가축과 함께 풀을 찾아 이동 생활을 하는 유목 문화가 발달했습니다. 이 지역에서는 스텝의 초원을 가축의 먹이로 이용하고, 가축의 우유나 고기를 식량으로 이용했습니다. 또한 가축의 가죽으로 옷을 만들어 입거나 이동식 천막을 지어 생활했습니다. 대표적인 이동식 천막으로는 몽골의 게르가 있습니다. 인간에게 가축의 효용이 대단하죠? 유목민들이 키우는 가축이 사람들의 에너지원이자 건축과 옷감의 재료로도 사용되었다니…, 인간의 지혜가 놀랍습니다.

그러나 최근 유목민의 수가 줄고 있습니다. 스텝 지역의 초지 면적 감소와 산업화, 관개 시설의 발달로 취업을 하거나 농사를 지으며 한곳에 정착하는 사람들이 늘었기 때문입니다. 또한 아프리카 지역에서는 각 나라가 설정한 국경선 때문에 유목민들의 이동이 제한을 받고 있어 유목 문화가 점점 쇠퇴하고 있습니다.

우크라이나, 카자흐스탄, 미국의 중앙 평원, 아르헨티나 팜파스의 스텝기후 지역에서는 대규모 밀 농사가 이루어지고 있습니다. 스텝 지역의 비옥한 흑토인 체르노젬과 건조한 기후가 밀 재배에 적합하기 때문입니다. 오스트레일리아에서도 밀 농사를 짓고, 양과 소를 대규모로 키우는 기업적 방목이 이루어집니다. 기후가 같아도 사람들의 생활 모습은 다양하죠.

그런데 요즘 스텝 지역이 점점 사라지고 있습니다. 풀이 자랐던 땅이 모래로 변하는 사막화로 식생이 파괴되면서 사람들의 삶의 터전이 사라지는 것인데요. 사막화란 사막이 아닌 곳이 사막으로 변하는 현상으로, 가장 큰 피해를 입는 곳이 스텝기후 지역입니다. 사막화의 진행으로 사막은 점점 넓어지고, 스텝기후 지역은 점점 좁아지고 있는데, 그 원인 중 하나는 과도한 방목입니다. 사람들이 키우는 가축의 수가 늘면서 초원이 황폐해지고 있습니다. 초지 면적에 비해 가축의 수가 급격히 늘어 초원이 풀이 없는 사막으로 변하는 것이에요.

또한 지구온난화로 인한 가뭄도 사막화의 원인입니다. 앞에서 본 아프리카의 사헬지역은 오랜 가뭄으로 사막화가 빠르게 진행되는 지역입니다. 그래서 물과 식량이 부족해 기아와 난민이 꾸준히 증가하고 있어 국제적 지원이 절실한 곳입니다. 요즘 이 지역 주민들을 돕기 위한 TV 광고가 늘어난 것도 사막화로 인한 피해가 커지고 있기 때문입니다.

사막화와 중국발 황사

인터넷에서 '사막화'를 검색하면 우리나라 기업들이 몽골이나 중국 내륙 사막에서 사막화 방지를 위해 봉사 활동한 기사를 찾을 수 있습니다. 그 지역은 바다와 멀리 떨어져 있어 강수량이 적은 건조기후 지역입니다. 전통적으로 유목문화가 발달한 곳이지만, 과도한 방목으로 초지가 감소해 도시로 이동하는 유목민의 수가 늘었다고 합니다. 사막화로 인해 주민들의 삶의 터전이 줄어든 것이죠.

몽골과 중국 내륙 지역에서 발생한 사막화로 우리나라에 불어오는 황사의 양이 점점 늘고 있습니다. 또한 황사가 대기 중의 오염물질과 결합하면서 농작물에 피해를 줄뿐만 아니라 사람들의 호흡기 건강에도 악영향을 주고 있습니다. 참고로 황사 발원지 중 하나인 중국 네이멍구 지역은 직선거리로 서울에서 1,500㎞ 떨어져 있다고 합니다.

이처럼 사막이 없는 우리나라에서 사막화의 피해가 발생하자 기업들이 사막화 방지를 위해 해당 지역에 가서 나무를 가꾸고 있습니다. 나무가 잘 자라기만을 기도하는 것이 아니라 나무를 심고 관리도 합니다. 현지 주민에게 일정한 급료를 주고 나무 관리를 위탁하거나 봉사자를 파견하여 나무의 성장을 지속적으로 살피고 있습니다. 사막화 방지를 위해 타국에서 열심히 노력하는 우리 국민들의 모습이 자랑스럽습니다.

우크라이나 곡물 확보 전쟁

우크라이나는 스텝기후 지역으로 세계적인 밀, 옥수수 생산국입니다. 옥수수 생산량 세계 4위, 밀 생산량은 세계 6위입니다. 우크라이나 스텝기후 지역에는 체르노젬이라는 비옥한 흑토가 넓게 분포해 밀과 옥수수 생산에 유리합니다.

밀은 전 세계적으로 가장 사랑받는 곡물입니다. 여러분, 칼국수, 짜장면, 빵, 라면, 피자 좋아하죠? 요즘 우리나라 사람들의 밀 소비량도 점점 늘고 있는데요. 우리나라는 밀을 대부분 수입에 의존하고 있습니다. 국제 밀 가격이 상승할 때마다 식품 물가가 상승하고 유통, 제조 등의 생산비도 증가하면서 우리나라 전체 물가에 영향을 줍니다. 우리는 밀을 대부분 수입하기 때문에 국내 물가는 국제 밀 가격 변동에 취약할 수밖에 없습니다.

우리나라의 밀 소비량이 늘어나는 만큼 밀 가격 변화에 쉽게 영향을 받자 ○○기업이 우크라이나 흑해 항구에 곡물 수출 터미널을 확보했다고 합니다. 수출 터미널은 일종의 창고로 우크라이나에서 생산되는 옥수수와 밀을 가격이 낮을 때 저장했다가 가격이 오르면 배에 실어 수출하는 시설입니다. 수출 터미널은 국내 물가가 국제 곡물 가격 등락에 따라 불안해지는 요인을 제거하고 곡물을 안정적으로 확보할 수 있는 교두보를 마련한 것으로 볼 수 있습니다.

미국의 카길과 스위스의 글렌코어 등 세계적인 곡물 메이저°들은 이미 우크라이나에 진출하여 이 지역 곡물 시장에 영향력을 행사하고 있습니다. 또한 중국과 일본 회사들도 곡물 확보를 위해 우크라이나에 진출한 상황입니다. 우리나라가 곡물 확보 전쟁에 뒤늦게 뛰어들었지만, 지금이라도 우수한 전략으로 세계 곡물 시장에서 주도권을 잡았으면 좋겠습니다.

곡물 메이저
세계적인 다국적 곡물 유통 기업들을 말한다.

우크라이나보다 곡물 생산이 더 많은 나라가 있는데, 왜 우크라이나에 주목하는지 궁금해하는 친구들이 있을 것 같아요. 미국과 중국이 경제 문제로 신경전을 벌이면 세계 무역량의 감소로 글로벌 경기가 위축됩니다. 이러한 상황에도 우크라이나는 표정 관리를 하며 미중 사이에서 반사 이익을 누리게 되는데요. 중국이 옥수수 소비량의 90%를 미국에서 수입하는데, 미국과의 관계가 악화되면 옥수수를 미국 대신 우크라이나에서 수입하기 때문이에요. 그래서 우크라이나의 곡물 수출이 늘어나게 되면 우크라이나 곡물 가격이 올라가는 것이죠. 우크라이나 곡물 시장이 매력적인 이유를 알겠죠?

사막 개발

사막은 인간의 거주에 불리한 자연 환경을 가지고 있습니다. 토지가 척박하고, 강수량이 적어 농사에 불리하지만 무엇보다 '물' 부족이 거주에 가장 큰 걸림돌입니다. 그래서 사막에서는 대부분의 사람들이 오아시스처럼 물을 얻을 수 있는 곳에만 거주합니다. 현재 대부분의 사막은 사람이 살 수 없는 모래밭으로 남겨져 있습니다.

그러나 사막 개발로 지역 경제가 성장하면서 막대한 부의 혜택을 누리고 있는 지역이 있습니다. 미국 캘리포니아주 내륙에 있는 모하비사막입니다. 이 지역도 다른 사막과 마찬가지로 비가 거의 내리지 않는 건조기후 지역입니다. 그런데 관광산업의 메카 라스베이거스 개발로 많은 사람들이 몰려들면서 현재 약 200만 명이 거주하는 대도시로 성장했습니다. 첨단 기술을 시연하는 CES° 행사도 매년

CES
매년 라스베이거스에서 열리는 세계 최대 규모의 가전제품 박람회로 삼성, LG, 구글, MS 등 IT 기업들의 미래 기술 방향을 파악할 수 있다.

개최될 만큼 이곳 사막은 세계 IT 컨벤션 중심 도시의 역할도 톡톡히 해내고 있습니다. 요즘은 이 지역에서 노년기를 보내려는 은퇴자들의 행렬이 이어져 이들을 위한 거주지도 속속 들어서고 있습니다. 사막이 사람들이 살고 싶은 곳이 되었다니, 놀랍죠?

사막에서 도시가 성장하기 위해 가장 필요한 요소는 무엇일까요? 사막 개발에 반드시 필요한 것은 바로 '물'입니다. 모하비사막에 들어선 거대 도시에 공급하는 물은 '미드호'에서 가져옵니다. 미드호는 강물을 댐으로 막아 형성한 인공 호수로 모하비사막 도시에 안정적으로 물을 공급하고 있습니다. 이러한 물 문제 해결로 사막에 활기가 넘쳐나게 된 건 당연한 일이죠.

사막 개발은 인도와 파키스탄 접경 지역에 있는 타르사막에서도 이루어졌습니다. 타르사막은 일교차가 크고 강수량이 적은, 전형적인 사막기후 지역입니다. 땅이 대부분 암석으로 이루어져 있고, 여름에는 매우 덥고, 겨울에는 매우 춥습니다. 과도한 방목과 경작으로 식생이 파괴되면서 사막화가 심화되는 사막 중 하나입니다. 또한 인구밀도가 km^2당 약 80명 정도에 달해 세계에서 가장 많은 인구가 밀집한 사막입니다.

그러나 척박한 이곳이 인디라 간디 운하로 전환기를 맞이했습니다. 쓸모없고, 버려진 땅에 운하의 물이 들어오면서 농업을 중심으로 지역 경제가 활기를 띠기 시작했습니다. 또한 이 지역에서 석회암, 석고, 소금 등의 자원들도 개발되면서 많은 사람들이 몰려들고 있습니다. 타르사막에서의 이러한 변화도 '물'에서 시작되었습니다.

건조기후 지역의 자연 환경은 인간의 거주와 식생의 성장에 불리합니다. 그러나 이곳을 살기 좋은 곳으로 바꾸려는 사람들의 노력으로 이곳 사막은 척박한 땅

미드호
미국 후버댐의 완공으로 형성된 인공호수이다.

인디라 간디 운하
인도 북서쪽 지방에 흐르는 인도에서 가장 긴 운하로, 길이는 약 650km이다.

에서 풍요로운 공간으로 바뀌었습니다. '불가능'을 '가능'으로, '어려움'을 '즐거움'으로 바꿀 수 있는 힘은 우리에게 있습니다. 각 지역의 기후 특징에 대해 배우면서 지역의 어려움을 바꿀 수 있는 아이디어를 찾아보는 건 어떨까요? 해법은 우리의 마음과 머릿속에 있으니까요.

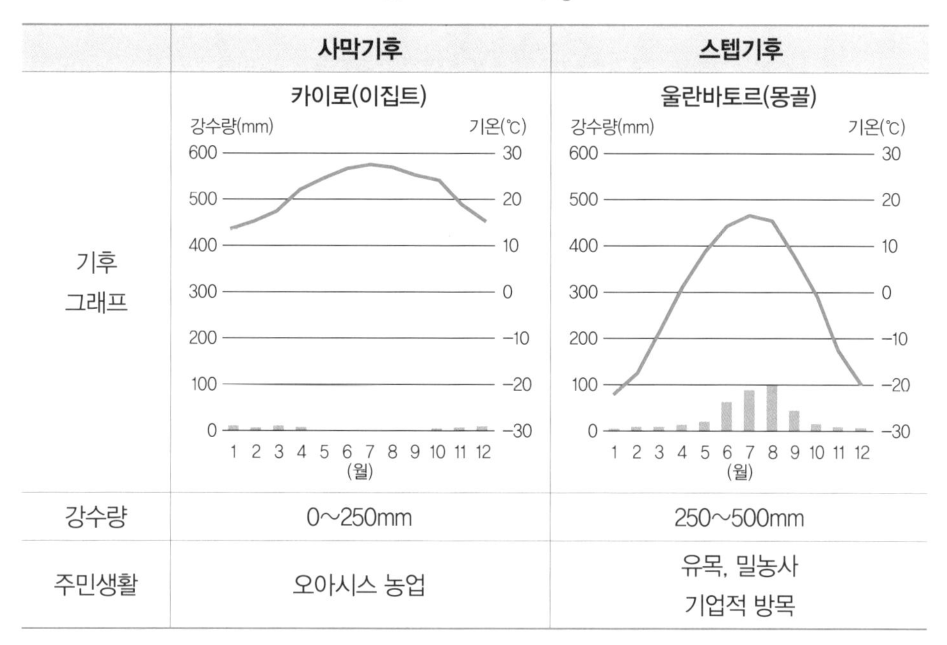

건조기후의 특징

	사막기후	스텝기후
기후 그래프	카이로(이집트)	울란바토르(몽골)
강수량	0~250mm	250~500mm
주민생활	오아시스 농업	유목, 밀농사 기업적 방목

온대기후란 무엇일까?

- 온대기후를 대륙 서안 기후와 대륙 동안 기후로 구분할 수 있다.
- 서안해양성기후와 지중해성기후의 특징을 설명할 수 있다.
- 온대계절풍기후의 특징을 말할 수 있다.

온대기후, 어디에 있을까?

인간이 거주하기에 가장 좋은 기후 조건은 무엇일까요? 너무 춥지도, 덥지도 않으면서 강수량도 적당한, 그런 기후 없을까요? 각자가 처한 환경에 따라 좋은 기후가 다르겠지만, 기온과 강수량 조건만 놓고 생각해 본다면 인간이 살기에 적당한 기후는 '온대기후(C)'라고 할 수 있습니다.

온대기후는 이탈리아, 프랑스, 영국 등 유럽과 한국, 중국, 일본의 동아시아, 오스트레일리아 남부, 아메리카 서부 등에 광범위하게 분포합니다. 온대기후는 최한월 평균 기온이 -3℃ 이상[*]입니다. 만약 최한월 평균 기온이 -3℃ 아래로 내려가면 냉대기후로 구분합니다. -3℃가 온대기후와 냉대기후를 구분하는 기준입니다.

온대기후는 기온과 강수량의 특징에 따라 '대륙 동안 기후'와 '대륙 서안 기후'로 구분하기도 합니다. 대륙 동안은 대체로 유라시아[*] 대륙의 동

평균 기온 -3℃
교과서에 따라 온대기후의 최한월 평균 기온을 -3℃~18℃로 표현하기도 한다.

유라시아
유럽과 아시아를 합쳐서 부르는 말이다.

쪽 지역을 의미하고, 대륙 서안은 유라시아 대륙 서쪽의 대서양과 인접한 서부 유럽 지역을 의미합니다. 같은 대륙이어도 대륙의 동쪽과 서쪽 끝에서 서로 다른 기후가 나타난다고 하니 신기하죠.

대륙 동안 지역은 계절풍의 영향을 받습니다. 계절풍에 대해서는 〈06. 기후에 영향을 주는 요인은 무엇일까?〉의 '수륙분포' 편을 참고해 주세요. 대륙 동안 지역에는 여름이 고온 다우, 겨울이 한랭 건조한 온난습윤기후(Cfa)나 여름이 고온 다우, 겨울이 온난 건조한 온대동계건조기후(Cw)가 나타납니다. 온난습윤기후와 온대동계건조기후는 겨울철 연평균 기온이 다를 뿐 계절풍의 영향을 받는 대륙 동안 기후라는 걸 꼭 기억하세요.

대륙 동안은 계절풍의 영향을 받는다.

대륙 서안 지역은 서안해양성기후(Cfb)가 나타납니다. 서안해양성기후(Cfb)는 편서풍과 난류의 영향으로 동위도의 다른 지역에 비해 겨울철에도 비교적 온난하고, 계절에 관계없이 강수량이 고르게 분포합니다. 또한 온대기후의 하나인 지중해성기후(Cs)는 아열대 저기압의 영향으로 여름이 고온 건조하고, 겨울이 온난 습윤한 특징이 있습니다.

어떤 책에서는 온대기후를 온난습윤기후(Cfa), 온대동계건조기후(Cw), 서안해양성기후(Cfb), 지중해성기후(Cs)로 소개하거나 서안해양성기후(Cfb), 지중해성기후(Cs), '대륙 동안 기후'로 설명 합니다.

이 책에서는 온대기후를 크게 서안해양성기후(Cfb), 지중해성기후(Cs), 온대계절풍기후로 구분했습니다. 대륙 동안 기후에 속한 온난습윤기후

고온 다우
교과서에 따라 고온 다습으로 표현하기도 한다. 기온이 높고 강수량이 많다는 의미이다.

편서풍
중위도(위도 약 30°~65°) 상공에서 1년 내내 부는 서풍이다.

기후의 구분
온대동계건조기후(Cw)와 온난습윤기후(Cfa)가 계절풍(몬순)의 영향을 받기 때문에 두 기후를 묶어서 '온대계절풍기후'라고도 합니다.

(Cfa)와 온대동계건조기후(Cw)는 구별하지 않고, 한꺼번에 '온대계절풍 기후'로 설명했으니 참고하세요.

앞에서 열대기후의 종류 중에 열대계절풍(몬순)기후가 있었습니다. 열대계절풍(몬순)기후는 계절풍의 영향을 받는 열대기후 지역에 나타나는 기후이고, 주로 동남아시아 지방에 분포한다고 배웠어요. 그럼, 온대계절

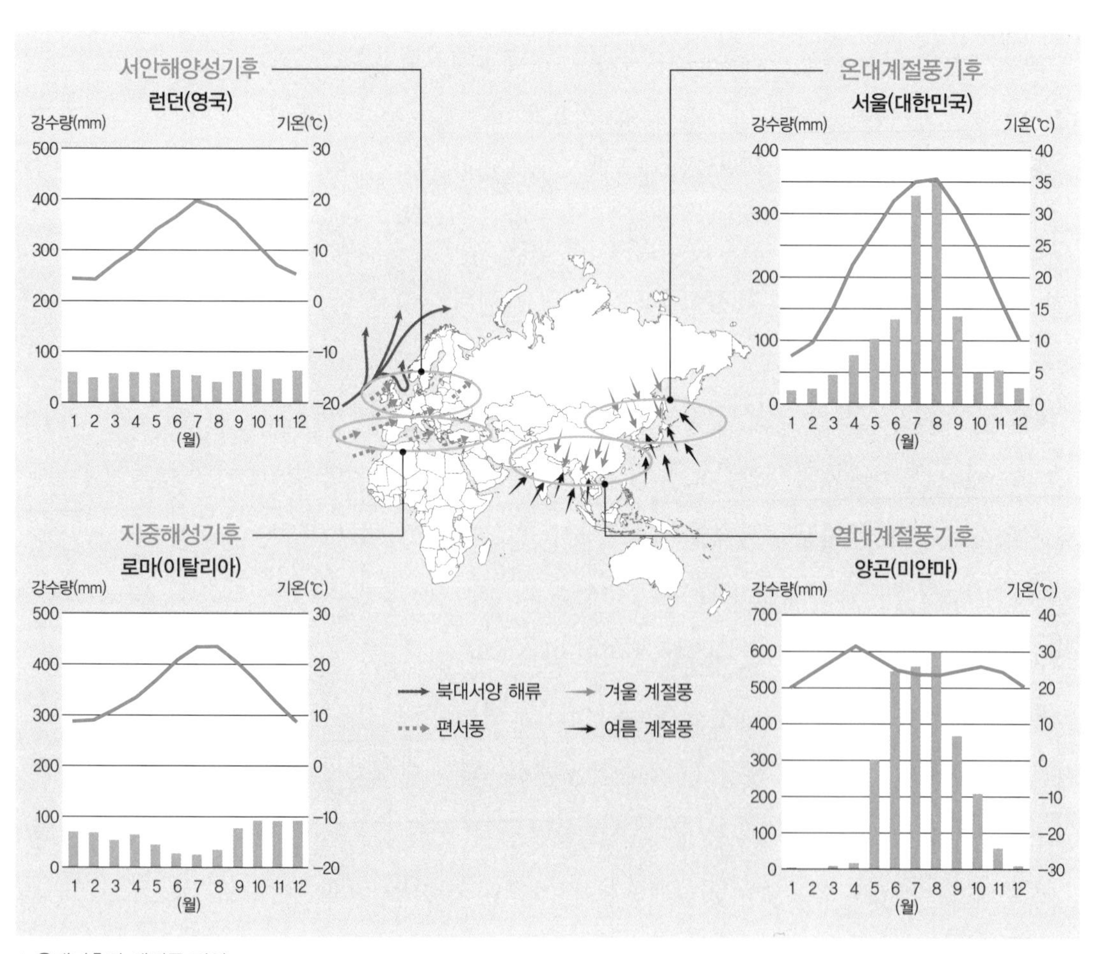

1. 온대기후와 계절풍 지역

풍(몬순)기후는 열대계절풍(몬순)기후와 어떤 차이점이 있을까요? 정답은 간단합니다. 열대기후 지역이 계절풍의 영향을 받으면 열대계절풍(몬순)기후가 나타나고, 온대기후 지역이 계절풍의 영향을 받으면 온대계절풍(몬순)기후가 나타납니다.

그림 1은 대륙 서안과 대륙 동안에 분포하는 온대기후 지역과 열대계절풍기후 지역을 나타냈습니다. 대륙 동안 지역에 부는 계절풍과 대륙 서안 지역에 부는 편서풍의 방향을 참고하면서 기후의 특징을 찾아보세요. 여러분의 이해를 돕기 위해 지중해성기후와 서안해양성기후가 나타나는 지역을 위도에 맞게 표시하였고, 온대계절풍기후 지역과 열대계절풍기후 지역의 위치를 각각 표기했으니 기후의 특징과 위치를 꼭 확인하시기 바랍니다. 온대기후의 특징이 복잡할 것 같지만, 그림 1만 이해하면 간단합니다.

지중해성기후

지중해성기후는 여름이 고온 건조, 겨울은 온난 습윤한 온대기후입니다. 쾨펜의 기후 구분에서는 Cs로 표시합니다. C는 온대기후, s는 여름 건조라는 의미예요. 지중해성기후 지역에서 여름과 겨울의 기후 차이가 나타나는 이유는 여름에 북회귀선(23.5°) 부근에 위치한 아열대고압대가 지중해 부근으로 이동하기 때문입니다. 그래서 여름철에는 기온이 높고, 강수량이 적습니다. 겨울이 되면 아열대고압대는 다시 북회귀선 부근으로 이동합니다. 아열대고압대가 이동하면 아열대고압대의 위세에 눌려 있던 편서풍이 지중해 쪽으로 불면서 대서양의 습기를 가져와 비교적 온화하고 습한 기후가 나타나게 됩니다.

이처럼 지중해성기후 지역에서는 계절에 따라 기후에 영향을 주는 요인이 다릅니다. 여름철에는 아열대고압대의 영향으로 기후가 고온 건조하고, 겨울철에는 편서풍의 영향으로 온난 습윤합니다. 이러한 지중해성기후의 특징은 지중해 연안 국가(이탈리아, 그리스, 포르투갈, 스페인 등)에서 뚜렷하게 나타납니다. 그래서 기후 이름에 '지중해'라는 지명이 들어갔습니다. 이외에도 지중해성기후는 남아프리카공화국 남서부, 미국 캘리포니아, 오스트레일리아 남서부와 칠레 중부 등에 분포합니다. 뜨겁고 건조한 날씨에 바닷가에서 서핑을 즐기고 싶다면 여름 여행을, 창밖에 내리는 겨울비를 보면서 따뜻한 차를 마시고 싶다면 겨울 여행을 추천합니다.

그런데 여기서 이상한 점이 있습니다. 지중해성기후의 계절별 강수량 차이와 사바나기후의 건기, 우기 사이에 어떤 관련성이 있는 건 아닐까요? 우리가 그 답을 찾아보도록 하겠습니다.

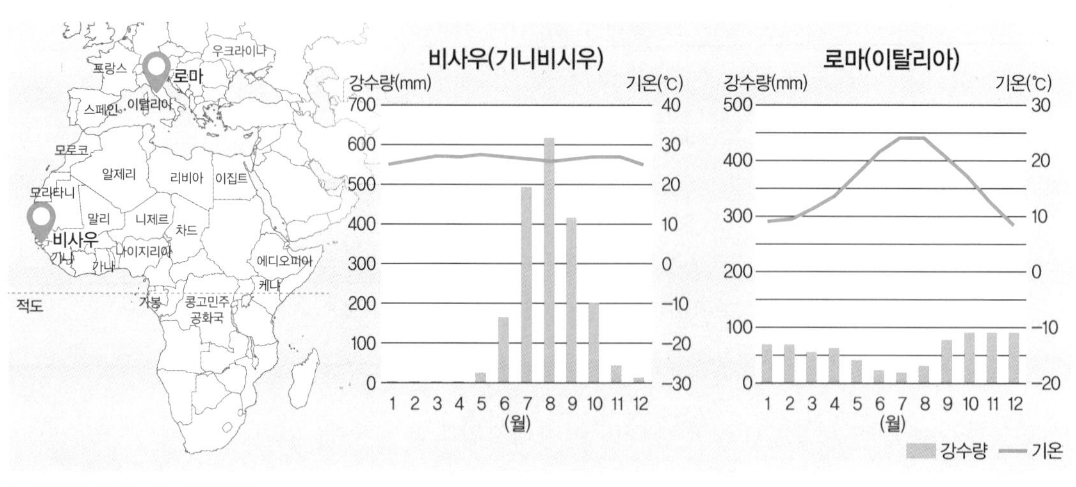

2. 사바나기후와 지중해성기후

사바나기후와 지중해성기후 그래프를 보면, 대체로 사바나기후 지역이 적도와 가깝기 때문에 지중해성기후보다 연평균 기온이 높습니다. 그럼, 강수량은 어떨까요? 사바나기후 지역은 여름에 우기, 겨울에 건기가 나타납니다. 지중해성기후 지역인 로마는 여름철 강수량이 적고, 겨울철 강수량이 비교적 많습니다. 두 지역의 강수량 분포만 보면 비사우가 우기 때 로마는 건조해지고, 비사우가 건기이면 로마는 습윤해집니다. 두 기후 지역의 강수량 분포가 비대칭인 이유, 과연 무엇일까요?

두 지역의 강수량 분포는 적도저압대와 아열대고압대의 영향 때문입니다. 적도저압대는 적도(남·북위 5~6°) 부근에 동서로 길게 뻗은 지대로 상승기류가 발생해 많은 비를 뿌립니다. 적도저압대도 계절에 따라 이동하는데 여름에는 아열대고압대와 같은 방향으로 이동합니다. 즉, 둘이 세트처럼 움직여요. 그러면 사바나 지역에는 적도저압대가 위치해 우기가 되고, 지중해 지역은 아열대고압대가 위치해 건조해집니다. 그래서 여름에 사바나기후 지역에는 비가 많이 내리지만, 지중해성기후 지역은 비가 적게 내립니다.

겨울이 되면 적도저압대와 아열대고압대는 원래 자리로 이동합니다. 지중해 지역에 있던 아열대고압대가 사바나 지역으로 이동해 지중해 지역은 아열대고압대의 영향에서 벗어나면서 편서풍의 영향으로 여름철에 비해 강수량이 많습니다. 그리고 사바나 지역은 아열대고압대의 영향권에 들어가면서 건기가 시작됩니다. 그래서 겨울에 사바나기후 지역은 건기가 되고, 지중해성기후 지역은 습윤해집니다. 사바나기후와 지중해성기후의 관계를 알고 나니 하늘의 움직임이 눈에 들어오는 것 같죠?

여기서 또 한 가지 궁금한 점이 있습니다. 적도저압대와 아열대고압대는 왜 이동하는 것일까요? 신비한 자연의 현상 때문일까요? 아니면 우리가 모르는 자연의 비밀스러운 계획 때문일까요? 이유는 간단합니다. 계절에 따라 공기덩어리(기단)의 세력이 달라지기 때문입니다. 즉, 기온이 높아지는 여름에는 적도 지역에 있는 공기덩어리의 세력이 강해지고, 고위도의 차가운 공기 덩어리의 세력은 약해지면서 적도 지역의 기단이 차가운 기단을 극지방 쪽으로 밀어 올리게 됩니다. 그래서 여름에는 적도저압대와 아열대고압대가 고위도 지역으로 이동하는 것입니다.

겨울에는 어떻게 될까요? 겨울에는 북쪽의 차가운 공기 덩어리의 세력이 강해지고, 적도 지역 공기 덩어리의 힘은 약해집니다. 그래서 북쪽의 차가운 공기 덩어리가 따뜻한 공기 덩어리를 저위도 쪽으로 밀어 내면서 적도저압대와 아열대고압대가 다시 저위도 쪽으로 이동하게 됩니다. 결국 기단의 영향으로 적도저압대와 아열대고압대가 이동하면서 사바나기후와 지중해성기후 지역 강수량 분포에 차이가 생기는 것입니다.

계절에 따라 아열대고압대와 적도저압대의 위치를 정리하면 아래 표와 같습니다. 여기서 하나 더! 지중해성기후의 특징을 옆의 표와 같이 정리할 수 있습니다.

아열대고압대와 적도저압대의 계절별 위치

<table>
<tr><th colspan="2">여름</th><th colspan="2">겨울</th></tr>
<tr><td rowspan="2">아열대고압대</td><td>지중해 연안</td><td>편서풍</td><td>지중해 연안</td></tr>
<tr><td>건조기후 지역
(사하라사막)
(사헬지역)</td><td rowspan="2">아열대고압대</td><td>건조기후 지역
(사하라사막)
(사헬지역)</td></tr>
<tr><td>적도저압대</td><td>사바나 지역</td><td>사바나 지역</td></tr>
</table>

지중해성 기후 특징

	특징	영향
여름	고온 건조	아열대고압대
겨울	온난 습윤	편서풍

지금까지 지중해성기후에 대해 살펴봤습니다. 자연 현상을 과학처럼 이해할 수 있어서 신기하죠? 과학자들이 적도저압대나 아열대고압대 같은 자연현상을 발견하고, 거기에 이름을 붙여서 우리가 이해할 수 있게 되었다는 것이 신기했을 겁니다. 여러분! 마지막 과제가 남았습니다. 우리가 배운 지중해성기후의 여름은 얼마나 뜨거울까를 알아보는 것입니다. 너무 뜨거울 것 같다고요?

아래의 표는 2019년 8월 8~11일까지 기록한 로마의 날씨 정보입니다. 이 기간에 로마의 강수 확률은 10% 정도로 매우 낮습니다. 최고 기온은 어떤가요? 37℃? 여러분! 놀라지 마세요. 이거 실화입니다. 심지어 8월 10일과 11일에는 바람도 거의 불지 않았습니다. 데이터만 보아도 고온 건조한 로마의 날씨가 얼마나 혹독한지 알 수 있겠죠. 이 지역 주민들은 이렇게 더운 여름을 어떻게 보낼까요? 지중해성기후의 식생과 주민 생활을

	8월 8일	8월 9일	8월 10일	8월 11일
최저기온	22	23	22	23
최고기온	33	35	37	37
강수확률	10%	10%	10%	10%
바람	4m/s	3m/s	–	–

3. 로마의 날씨 정보

식생: 이 지역의 식생들은 여름에 물 마시고 싶다고 말도 못하고, 그늘이 있는 곳으로 움직일 수도 없으니 얼마나 힘들까요? 이렇게 뜨겁고 건조한 지역에서도 이 지역만의 특색 있는 농업이 이루어지고 있습니다. 여러분의 이해를 돕기 위해 여름의 고온 건조한 기후쯤은 아무 문제가 되지 않는다고 주장하는 한 분을 모셨습니다. 오렌지님 나와 주세요.

오렌지 안녕하세요. 발랄 톡톡 오렌지입니다.

탐구 과일만큼이나 상큼한 인사였습니다.

오렌지 제가 맛은 상큼해도 쉬운 과일이 아니에요.

탐구 맞아요. 우리나라의 귤이랑 비슷하게 생겼는데, 껍질을 벗기려면 귤보다 더 많은 힘이 필요해서 힘들 때가 많았어요.

오렌지 제가 왜 두꺼운 껍질을 입고 있는지 아세요? 저도 살아남기 위해서 그런 거라고요.

탐구 오렌지를 더 크게 보이게 만들어서 몸값을 높이려는 전략인 줄 알았는데 그게 아니었군요. 오렌지님, 껍질을 두껍게 만든 이유가 뭔가요?

오렌지 제가 자라는 곳은 여름이 무척 뜨겁고 건조합니다. 햇빛이 뜨겁고 비도 거의 내리지 않아서 여름이 돌아올 때마다 오직 한 가지만 생각합니다. 살아남아야 해!

탐구 여름에 뜨거운 햇빛을 받으면 갈증을 느낄 텐데, 비도 내리지 않아서 더 견디기 힘들겠어요.

오렌지 맞아요. 그래서 우리 오렌지들에게는 생존을 위한 철학이 있습니다. '한 방울의 물도 꾹꾹 담아 증발에 대비하자.' 한 방울의 비가 절실하기 때문에 몸속에 있는 물이 햇빛에 증발되지 않도록 최대한 껍질을 두껍게 만들어 몸을 보호합니다. 또한 잎은 작고 두껍게 만들어서 더위에 대비하죠.

탐구 정말 대단하네요. 로보캅 같아요.

오렌지 저의 절친인 올리브도 잎과 껍질이 두껍습니다. 같은 동네에 사는 무화과도 그렇고요. 우리처럼 잎이 단단하고, 식물의 뿌리와 줄기를 두꺼운 코르크층° 으로 덮고 있는 식생을 경엽수림이라고 합니다.

탐구 오렌지 열매는 언제 수확하나요?

오렌지 북반구 지역인 미국의 캘리포니아에서는 12월부터 5월까지 수확하고, 남반구인 남아프리카공화국에서는 4월부터 9월까지 수확합니다. 오렌지를 좋아하는 분들이라면 미국산과 남아프리카산 오렌지의 수확 시기를 잘 이용해 보세요. 1년 내내 저의 발랄 톡톡함을 즐길 수 있습니다.

탐구 좋은 정보 감사합니다. 마지막으로 오렌지를 사랑하는 분들께 한 말씀 해 주세요.

오렌지 맛있게 드세요!

지중해성기후 지역은 여름이 고온 건조해서 잎이 작고 단단하며 껍질이 두꺼운 경엽수림이 분포합니다. 여름이 너무 뜨겁고 건조해서 경엽수림 외에 땅에 있는 풀들은 대부분 마른다고 합니다.

코르크층
나무의 겉껍질 안쪽의 부분으로 식물체에 물이 드나드는 것을 막으며 내부를 보호한다.

주민 생활: 이 지역의 농업 방식은 고온 건조한 기후에 강한 올리브, 포도, 오렌지 등을 재배하는 수목농업입니다. 여름이 뜨겁고 건조해서 곡물 재배가 어렵기 때문에 고온에 강한 나무를 재배합니다. 그래서 올리브유를 사용한 요리와 포도를 이용한 와인 생산이 활발합니다. 그럼 이 지역 사람들은 1년 내내 과일만 먹고 사는 걸까요? 이 지역에서는 밀 농사도 짓습니다. 그러나 밀 농사는 겨울에 시작합니다. 이 지역의 겨울철 기온이 온화하고 비가 자주 내리기 때문에 겨울에 씨앗을 뿌리고, 봄에 수확합니다. 겨울철에 농사가 불가능하다는 편견이 사라지는 순간이죠? 이렇게 겨울에 파종하여 봄에 수확하는 밀을 '겨울 밀'이라고 합니다.

이탈리아 북부에 위치한 알프스산맥에서는 목초지를 따라 수직으로 이동하는 '이목'이 발달했습니다. 이목은 가축에게 먹일 풀을 찾아 여름에는 산지로, 겨울에는 평지로 이동하는 목축 방식입니다. 알프스 저지대는 지중해성기후의 영향으로 여름이 고온 건조합니다. 그래서 여름에는 해발고도가 높은 서늘한 산지로 이동했다가 겨울이 되면 따뜻한 저지대로 다시 내려옵니다. 이동하는 목축 방식이 건조기후 지역의 유목과 비슷하지만, 이목은 산지와 평지를 수직적으로 이동하고, 유목은 평지를 수평적으로 이동하는 차이점이 있습니다. 알프스 기슭에서 한가롭게 풀을 뜯는 양 떼를 보려면 어느 계절에 가면 좋을까요? 바로 여름입니다.

지중해의 아름다운 그리스 산토리니섬에는 멋진 사진을 보는 듯한 풍경이 펼쳐집니다. 하얀 벽돌로 만들어진 집들이 섬 안을 가득 채우고 있어 아무렇게나 셔터를 눌러도 멋진 사진을 찍을 수 있습니다. 산토리니뿐만 아니라 지중해 지역에는 흰색 집이 많은데, 흰색의 햇빛 반사 효과를 이용해 집 내부를 좀 더 시원하게 만들기 위해서입니다. 또한 이 지역의 창문은 작고, 벽돌은 두껍습니다. 여름의 뜨거운 열기와 햇빛이 집 내부로 들어오는 것을 막기 위해서입니다. 이 지역의 벽돌 두께와 창문 크기는 건조기후 지역의 가옥의 특징과 비슷하죠?

서안해양성기후

특징: 한국 축구 선수가 영국 프리미어 리그에서 멋진 골을 넣는 장면을 보면 신기하고 놀랍습니다. 한국 선수도 세계적인 경기에서 얼마든지 잘할 수 있다는 자부심이 느껴지고, 한국을 대표해 멋진 경기를 보여 주는 선수들의 모습을 보면서 일종의 카타르시스를 느낍니다. '저는 축구 경기를 볼 수 없어요. 제가 응원하는 팀이 꼭 져요'라는 마음을 가진 친구들을 위해 축구에 관한 주제로 서안해양성기후의 특징에 대해 살펴보겠습니다.

비 오는 날 축구해 본 적 있나요? 해본 친구들은 압니다. 진짜 재밌어요. 축구도 재밌지만, 비 맞으면서 친구들과 노는 게 더 재밌죠. 수중 축구에서 규칙은 중요하지 않습니다. 비를 맞아 미끌미끌한 공을 드리블하다 웅덩이에 빠지기는 건 다반사죠. 공의 불규칙 바운드는 축구의 재미를 더합니다.

이번에는 다른 질문입니다. 눈 오는 날 축구해 본 적 있나요? 미끄러워서 어떻게 하느냐고요? 눈이 오는 날에도 축구 경기가 열리는 나라가 있습니다. 바로 영국입니다. 영국 사람들은 축구를 아주 좋아합니다. 사랑한다는 표현이 더 맞겠네요. 거의 모든 경기에서 관중석의 빈자리를 찾기 어려울 정도입니다. 영국 사람들 중에 축구에 살고 축구에 죽는 축구 광팬들도 아주 많다고 해요.

영국 프리미어 리그는 8월에 시작해서 다음 해 5월까지 진행됩니다. 그래서 겨울에도 경기 일정이 있습니다. 반면 우리나라 K리그는 매년 3월에 시작해 늦어도 12월 초에 끝납니다. 겨울에는 추워서 축구 경기를 안 하는데, 우리나라보다 고위도에 위치한 영국은 겨울에도 축구 리그를 진행합니다. 어떻게 그럴 수 있을까요? 영국 사람들의 축구에 대한 사랑이 한국보다 뜨거워서 추위를 꾹 참고 리그를 강행하는 것일까요?

다음은 지난 30년간 서울과 런던의 1월 평균 기온에 관한 자료입니다. 1월 평균 최저 기온이 서울은 -5.9℃, 런던은 3.1℃로, 런던이 서울보다 9℃ 정도 높습니다. 최고 기온은 어떨까요? 서울의 1월 평균 최고 기온은 1.5℃, 런던은 8.1℃로 런던이 서울보다 6.6℃ 높았습니다. 앞서 런던의 겨울 기온이 서울보다 높다고는 들었지만 수치로 따져 보니 기온차가 생각보다 커서 놀랐죠? 영국은 겨울철 기온이 서울보다 높고 온난해서 겨울에도 축구 리그를 진행합니다.

서울과 런던의 겨울 기온차는 서로 다른 기후요인의 영향 때문입니다. 런던은 편서풍과 난류의 영향으로 겨울이 온화하고, 연교차가 작은 해양

1월 평균 기온	서울(북위 37°)	런던(북위 51°)
1월 평균 최저 기온	-5.9℃	3.1℃
1월 평균 최고 기온	1.5℃	8.1℃

출처: 기상청

4. 30년간 런던과 서울의 1월 최고 · 최저 평균 기온

성기후가 나타납니다. 또한 연중 강수량이 고르게 분포하는 특징이 있습니다. 반면 서울은 여름에는 고온 다습하고 겨울에는 한랭 건조한 계절풍의 영향으로 연교차가 큰 대륙성기후가 나타납니다. 서울과 런던의 기후에 영향을 주는 요인을 꼭 기억하세요.

유럽은 지형이 비교적 평탄하기 때문에 난류의 습기가 편서풍을 타고 유럽 서부와 중부 내륙 깊숙한 지역까지 영향을 미쳐 서안해양성기후가 넓게 분포합니다. 반면 북아메리카의 북서 해안, 칠레 남부, 남아프리카공화국 남동부, 오스트레일리아 남동부에서는 서안해양성기후가 해안을 따라 좁고 길게 분포하는데, 이는 거대한 산맥이 편서풍을 막고 있기 때문입니다. 이 외에도 노르웨이 서부 해안은 바다에서 불어오는 편서풍이 스칸디나비아산맥에 부딪혀 연강수량이 2,000mm 이상이 됩니다.

식생: 서안해양성기후 지역의 식생은 삼림이 대표적입니다. 위도가 높은 북대서양 해안 산지에는 크리스마스트리로 많이 사용되는 전나무, 우리나라의 지리산, 설악산, 백두산에 분포하는 가문비나무 등 침엽수가 자랍니다. 대부분의 지역에서는 잎이 넓고 겨울에 잎이 떨어지는 낙엽 활엽수와 잎이 뾰족한 침엽수가 함께 분포하는 혼합림을 이룹니다. 이 지역의 삼림은 대체로 울창한 편입니다.

서안해양성기후 지역에 속하는 유럽 평원은 빙하의 영향으로 토양이 척박합니다. 땅에 영양분이 부족하기 때문에 지력을 회복시키기 위해 가축의 분뇨를 사용했습니다. 농사를 지으려면 가축의 '응가'가 필요했던 것이죠. 그래서 주민들은 가축의 먹이로 사용할 옥수수 같은 사료용 곡물을 주식인 밀과 함께 재배했습니다. 농사도 짓고, 가축도 키우면서 농사와 목축을 함께 '혼합'했던 것이죠. 왜죠? 가축의 분뇨가 필요해서죠. 이렇게 사람과 가축이 먹을 곡물 재배와 가축 사육이 함께 이루어지는 농업을 혼합농업이라고 합니다.

주민 생활: 영국 거리에서 멋지게 정장을 입고 구두를 신은 신사가 힘차게 걷고 있습니다. 오랜만에 스타일을 한껏 살렸는데, 갑자기 비가 내리면 어떡하죠? 그래서 영국 사람들은 항상 우산을 휴대합니다. 영국에 비가 자주 내리기 때문입니다. 심지어 레인부츠와 레인코트를 입고, 빗속을 자유롭게 다니는 사람들도 있습니다. 신사가 비를 맞고 집에 돌아왔습니다. '오늘도 비가 왔네'라고 말하며 어딘가로 가는데, 어디로 가는 걸까요?

욕실이요? 욕실에서도 '아, 오늘 또 비 맞았네'라고 말하며 수건으로 물기를 제거할 수도 있습니다. 하지만 영국에는 벽난로가 있습니다. 벽난로는 유럽과 캐나다, 러시아 등에서 집 내부의 공기를 따뜻하게 만들기 위해 사용하는데요. 영국은 습기가 많기 때문에 벽난로의 온기가 집의 내부를 쾌적하게 만드는 데 도움이 됩니다. 비를 맞고 들어와 벽난로에서 젖은 옷과 몸을 말리면 따뜻하고 기분도 좋아지겠죠?

유럽의 습한 기후는 안개를 자주 발생시킵니다. 안개가 짙으면 가시거리가 짧아져 자동차나 비행기 운항에 차질이 생깁니다. ○○○○년 11월 어느 신문 기사에서는 영국에서 발생한 안개가 '바람'을 타고 유럽 전역으로 퍼져 항공기가 무더기로 결항되었다는 소식을 전했습니다. 기사에 나오는 '바람'은 편서풍이겠죠? 서·북부 유럽을 여행할 때에는 반드시 안개로 대중교통 이용에 어려움이 없는지 꼭 확인하세요. 특히, 기온이 내려가는 가을이나 겨울에 안개 발생이 많다는 것도 알아 두면 좋겠죠?

우리는 외출하기 전에 얼굴과 피부에 자외선 차단제를 많이 사용합니다. 자외선이 얼굴에 기미나 주근깨를 만들어 얼굴이나 피부를 상하게 하는 주범이라고 하죠? 그런데 이 지역 사람들은 햇빛이 드는 화창한 날에 선탠이나 일광욕을 즐깁니다. 이 지역의 날씨가 대부분 흐리거나 비가 자주 내려 맑고 화창한 날이 드물기 때문이에요. 그런데 요즘은 자외선을 걱정하는 사람들이 늘면서 햇빛 대신 자외선이 없는 실내 선탠 방이 인기라고 합니다. 햇빛이 없는 날에도 언제든지 자외선 없는 일광욕을 즐길 수 있어서 찾는 사람들이 많다고 해요. 그러나 실내 선탠으로 피부암에 걸리는 사람들도 많아졌다고 합니다. 복불복이네요.

자주 내리는 비가 생활에 불편함만 주는 것은 아닙니다. 이 지역에는 겨울의 온화함과 여름의 서늘함이 연중 고른 강수량과 조화를 이루어 1년 내내 넓은 목초지가 만들어집니다. 목초지는 가축들의 '대형 마트'이자 아이들의 축구장으로 이용해도 손색이 없습니다. 애니메이션 「플랜더스의 개」에 나오는 배경은 이 지역의 모습을 잘 나타내고 있습니다. 주인공 넬로와 파트라슈가 다니는 길옆에 넓고 푸른 초원이 펼쳐져 있고, 초원에서는 소가 한가롭게 풀을 뜯습니다. 초원 한편에서는 밀이 자라고, 서쪽을 바라보고 있는 풍차는 바람이 불 때마다 시원하게 돌아갑니다. 서안해양성기후 지역의 모습이 그려지나요?

넬로가 싣고 가는 우유는 낙농업 제품입니다. 낙농업이란 소나 염소, 산양 등을 사육하고 우유나 치즈, 버터 등의 유제품을 생산하는 축산업이에요. 현재 유럽연합(EU)의 우유 생산량이 세계에서 가장 많다고 합니다. EU에서도 우유를 가장 많이 생산하는 국가는 독일입니다. 2위는 영국, 3위 프랑스, 4위 폴란드, 5위는 네덜란드예요. 모두 유럽 서·북부의 서안해양성기후 지역입니다. 참고로 네덜란드의 우유 생산량은 우리나라의 약 6배 정도이고, 목초지는 우리나라 영토의 절반 정도라고 합니다. 대단하죠?

이 지역에서는 초지를 개간해 밀, 보리와 같은 식량 작물과 가축에게 먹일 사료용 곡물을 재배하면서 가축을 키우는 혼합농업이 발달했습니다. '혼합'이란 말에서 알 수 있듯이 농업과 축산업이 결합된 농업 형태입니다. 앞에 식생 부분을 참고하면서 '혼합'의 의미를 꼭 기억하세요.

이 지역에서는 편서풍에 의한 환경문제가 발생하고 있습니다. 영국에서 산업혁명이 시작된 이후 유럽 대부분의 지역에서 산업화가 활기를 띠었습니다. 그러나 산업화로 석탄, 석유와 같은 화석연료 사용으로 발생한 대기 오염 물질이 편서풍을 타고 주변으로 이동하면서 이웃 국가와의 환경문제가 발생했습니다. 그뿐만 아니라 편서풍에 실려 온 오염 물질이 수증기와 결합해 산성비를 내리고, 산성비로 인해 토양의 산성도가 올라가면서 식생의 수가 감소해 숲이 줄어들고, 호수에 사는 물고기가 떼죽음을 당하는 일이 벌어졌습니다. 공장이 없는 비교적 깨끗한 지역에서도 말이죠. 다행히 지금은 유럽 국가들이 환경오염에 대한 인식을 공유하면서 환경문제에 공동으로 대응하고 있습니다.

온대계절풍(몬순)기후

특징: 드디어 우리나라 기후입니다. 올림픽 개막식에서 우리나라 선수들의 입장을 열렬히 기다리는 마음이었어요. 열대기후, 건조기후, 지중해성기후, 서안해양성기후까지 읽으면서 우리나라 기후가 언제 나오는지 궁금했던 친구들은 이번 주제를 꼼꼼하게 읽어 주세요. 참고로 이 책에서는 대륙 동안 기후를 온대동계건조기후(Cw)와 온난습윤기후(Cfa)로 구분하지 않고, '온대계절풍(몬순)기후'로 설명하겠습니다.

온대계절풍(몬순)기후는 위도 약 20°~35°의 대륙 동안에서 계절풍의 영향을 받는 지역에 나타납니다. 온대계절풍 지역에서는 여름에 적도 쪽에서 발원한 고온 다습한 바람의 영향으로 기온이 높고 강수량이 많지만, 겨울에는 고위도 지역의 차고 건조한 바람의 영향으로 기온이 낮고 강수량이 적은 한랭 건조한 기후가 나타납니다. 계절풍(몬순)의 영향으로 나타나는 기후에는 위도에 따라서 '열대계절풍기후'와 '온대계절풍기후'가 있습니다. 둘 다 계절풍의 영향으로 여름에는 비가 많이 내리고, 겨울에는 비가 적게 내린다는 공통점이 있습니다. 앞에서 나온 그림 1을 보면서 꼭 정리해 보세요.

식생: 여름이 고온 다습하고, 겨울이 한랭 건조한 온대계절풍 지역에서는 어떤 식생이 분포할까요? 은행나무, 밤나무, 참나무, 단풍나무 등은 우리나라 대부분의 지역에서 볼 수 있는 식생입니다. 모두 넓적한 잎을 가지고 있어서 '활엽수'에 해당합니다. 그러나 잎의 크기가 열대 지역의 나무들

보다 작고 좁아서 '조엽수림'이라고 합니다. 또한 겨울에는 잎이 대부분 떨어지기 때문에 '낙엽활엽수'라고도 합니다.

우리나라에는 잎이 넓은 나무도 있지만, 바늘처럼 잎이 뾰족한 나무도 있습니다. 소나무, 가문비나무, 잣나무 등 잎이 바늘처럼 뾰족한 식생을 침엽수라고 하죠. 침엽수는 다음에 나오는 냉대기후를 대표하는 식생입니다. 대체로 열대기후 지역의 식생은 활엽수림이고, 냉대기후 지역의 식생은 침엽수림입니다. 온대계절풍기후 지역은 열대기후와 냉대기후의 중간 지대로 활엽수와 침엽수가 혼재된 혼합림이 분포합니다.

주민 생활: 우리나라에서는 북부 지방과 산간 내륙 지방을 제외한 대부분 지역에서 온대계절풍기후가 나타납니다. 고온 다습한 여름이 되면 사람들은 냉면, 국수 같은 시원한 음식을 찾습니다. 또한 통풍이 잘되는 옷을 입고, 시원한 공간을 찾아 더위를 식히기도 합니다. 냉장고가 없을 때에는 음식이 상하지 않게 소금을 쳐서 보관했습니다. 안동 간고등어는 바닷가에서 내륙에 위치한 안동까지 고등어를 운반한 조선시대 보부상들의 지혜가 담긴 음식입니다.

한국인의 식탁에 빠지지 않는 김치는 지역에 따라 맛이 다릅니다. 남부 지방에서는 겨울이 비교적 따뜻하기 때문에 김치가 빨리 익는 것을 막기 위해 소금과 젓갈을 듬뿍 넣어 맵고 짠 김치를 담급니다. 반면 북부지방은 냉대기후 지역이어서 여름이 짧고 겨울이 길기 때문에 소금과 젓갈을 적게 넣은 김치를 담가서 먹습니다. 이렇게 우리나라의 김치는 기후에 따라 소금과 젓갈을 넣는 양이 달라서 지역에 따라 맛이 다양합니다.

우리나라는 여름이 덥고 습해서 가옥에 통풍이 잘되는 '대청마루'를 만들었습니다. 대청마루는 앞뒤 공간을 트고, 마룻바닥을 지면에 띄워서 바람이 잘 통하게 만든 공간입니다. 열대야로 잠을 이룰 수 없을 때, 시원하고 안전하게 여름밤을 보낼 수 있는 장소로 제격이죠. 만약 대청마루에 있는데도 너무 더워서 잠을 못 자면 어떻게 할까요? 시원한 옷으로 갈아입으면 좋겠죠? 그래서 모시나 마를 소재로 옷을 만들어 입기도 했습니다.

우리나라의 겨울 날씨는 차고 건조합니다. 차가운 북서풍의 영향으로 기온이 떨어지기 때문에 몸을 보호하기 위해 털옷이나 솜옷을 입고, 방에 온돌을 설치했습니다. 온돌은 아궁이에 불을 피워 구들장이 데워지면 방 전체가 따뜻해지는 난방 시설입니다. 방바닥을 데워 그 열기로 방 전체를 따뜻하게 만드는 온돌은 방 안의 공기만 직접 데우는 서양의 라디에이터와 다릅니다. 서양에 찜질방이 없는 이유를 알겠죠? 아궁이의 불은 온돌에만 이용되지 않았습니다. 아궁이에 가마솥을 놓고 음식을 만들었습니다. 한 번 일으킨 불로 난방과 조리를 함께 했던 조상들의 지혜가 대단하죠?

우리나라의 계절 변화

우리나라의 겨울은 언제 시작될까요? 우리나라는 왜 여름에 더울까요? '계절은 때가 되면 알아서 변하는 자연의 이치입니다'라고 대답하는 친구를 위해 우리나라의 계절 변화에 대해 살펴볼게요. 우리나라의 추운 겨울은 찬바람이 불면서 시작됩니다. 찬바람은 고위도 지역에 있는 '시베리아기단'과 '오호츠크해기단'에서 붑니다. 두 기단 중에서 우리나라는 겨울에

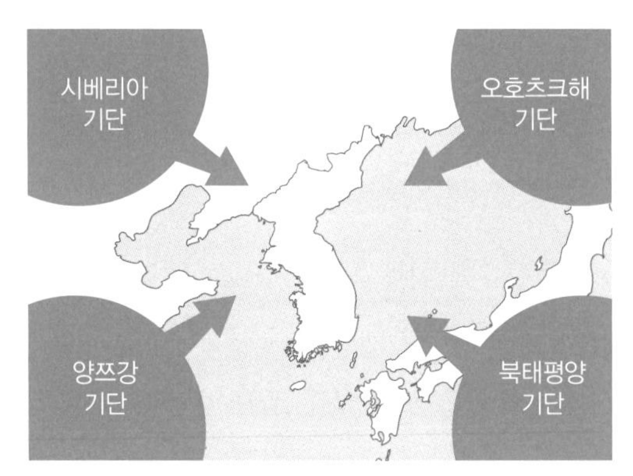

5. 우리나라 주변의 기단 분포

시베리아기단의 영향을 받습니다. 시베리아는 고위도 내륙에 위치해 공기가 차고 건조합니다. 따라서 겨울에는 시베리아에서 부는 북서풍의 영향으로 기온이 낮고, 강수량이 적습니다.

시베리아기단의 세력이 약해지면 양쯔강기단의 따뜻한 서풍이 불면서 봄이 찾아옵니다. 양쯔강기단은 내륙에 위치해 건조하고, 시베리아기단보다 저위도에 있어 비교적 따뜻합니다. 봄철에 부는 건조한 바람의 영향으로 산불이 발생하거나 황사가 나타나기도 합니다. 또한 시베리아기단이 세력을 확장하면 기온이 일시적으로 내려가면서 꽃샘추위가 나타나기도 합니다.

5월에서 6월 사이에 우리나라는 냉량 습윤한 오호츠크해°기단의 영향으로 북동풍이 붑니다. 오호츠크해기단은 바다의 영향으로 공기가 차갑고, 다소 습합니다. 오호츠크해기단에서 북동풍이 불면 푄현상에 의해 태백산맥 동쪽(바람받이 사면) 지역에는 비가 내리고, 서쪽(바람의지 사면) 지역에는 고온 건조한 바람이 부는데, 늦봄에서 초여름 사이에 영서지방(강원도 태백산맥 서쪽 지방)에 부는 고온 건조한 바람을 '높새'라고 합니다. 높새는 영서지방에 가뭄 피해를 주기 때문에 사람들은 보나 저수지를 만들어 물을 저장했습니다.

여름에는 고온 다습한 북태평양기단이 세력을 확장하면서 우리나라에 자리잡고 있던 오호츠크해기단과 치열한 전투를 벌입니다. 두 기단이 맞서는 곳에는 동서로 길게 장마전선이 형성되고, 이제 막 등장한 북태평양

오호츠크해
러시아 동부 캄차카 반도 남부와 쿠릴 열도에 둘러싸여 있는 바다이다.

기단이 오호츠크해기단을 북쪽으로 밀고 올라가면서 한반도 전역에는 장맛비가 내립니다. 장마전선이 지나간 지역은 북태평양기단의 세력에 들어가면서 무더운 한여름이 시작됩니다. 그리고 여름이 끝날 무렵에는 북태평양기단의 세력이 약해져 장마전선이 남쪽으로 내려가면서 우리나라에 잠시 약한 장마가 나타났다가 완전히 소멸하게 됩니다. 어휴, 이제 더위가 끝난 것 같아요.

여기서 잠깐! 여름에 많은 비를 내리는 주인공이 또 있습니다. 강한 비와 매서운 바람을 가진 태풍입니다. 태풍은 오호츠크해기단과 북태평양기단이 정신없이 다투고 있을 때, 이따금씩 저위도 열대 바다에서 조금씩 몸집을 키우면서 중위도 지역으로 이동합니다. 태풍의 방향은 일정하지 않아서 태풍의 이동 경로에 따라 피해가 발생합니다. 태풍이 발생하면 어느 지역을 통과하는지 꼭 지켜봐야겠죠. 대체로 우리나라는 여름부터 초가을 사이에 태풍의 영향을 받습니다.

가을철에는 양쯔강기단이 세력을 확장하면서 날씨가 맑고, 일조량이 풍부해집니다. 가을의 따사로운 햇빛은 곡식과 과일이 익는 데 도움이 됩니다. 또한 오호츠크해기단의 영향으로 한반도에 동풍이 불어오면 맑은 하늘을 보면서 쾌적한 공기도 마음껏 마실 수 있습니다. 미세먼지를 밀어 주는 고마운 바람이죠. 그리고 시베리아기단의 영향으로 북서풍이 불어오면 우리나라는 다시 추운 겨울에 들어가게 됩니다. 이렇게 우리나라는 한반도 주변에 형성된 기단과 계절풍의 영향으로 사계절이 뚜렷합니다.

알프스의 귀족 음식 리소토

유럽에서도 벼농사가 가능할까요? 유럽에 쌀로 만든 요리가 있을까요? 네, 유럽에도 벼농사 지역과 쌀로 만든 음식이 있습니다. 여러분이 이탈리안 레스토랑에 갔는데, 피자나 스파게티가 먹고 싶지 않을 때 눈에 들어오는 메뉴가 있죠? 바로 '리소토'입니다. 리소토는 이탈리아 북부지방에서 쌀과 채소 등을 기름에 볶아서 육수를 넣고 익힌 볶음밥입니다.

벼는 여름에 기온이 높고, 강수량이 많은 지역을 좋아하지만, 밀은 기온이 낮고 건조한 기후에서도 잘 자랍니다. 밀보다 벼가 조금 까다롭죠? 그래서 세계적으로 밀 농사 지역은 벼농사 지역보다 넓습니다. 유럽 대부분의 지역에서도 밀을 생산했습니다. 이 지역의 기후가 밀 농사에 적합하기 때문입니다. 반면 유럽의 기후가 벼농사에 불리했기 때문에 벼농사는 활발하지 않았습니다. 따라서 쌀은 유럽에서 귀한 대접을 받았습니다. 생산량이 많지 않은 '희귀템'이었거든요. 그래서 리소토는 이탈리아 귀족들이 즐기던 음식이라고 합니다.

유럽의 대표적인 벼농사 지역은 이탈리아 북부 알프스산맥 주변에 위치한 롬바르디아평야입니다. 롬바르디아 지역은 지중해성기후의 영향으로 여름이 '고온건조'합니다. 벼는 여름에 기온이 높고, 강수량이 많은 곳에서 잘 자라기 때문에 지중해성기후의 건조함은 벼 성장에 적합하지 않습니다. 그러나 이 지역 주민들은 롬바르디아 평야를 흐르는 '포강'의 물로 벼를 생산해 이곳은 유럽의 대표적인 벼농사 지역이 되었습니다.

그런데 고온 건조한 여름에도 포강에 물이 있을까요? 포강의 발원지는 알프스산입니다. 봄이 되면 알프스산의 겨울 얼음이 녹으면서 포강으로 흘러듭니다. 시간이 지날수록 융설수*는 포강을 더 풍부하게 만듭니다. 결국 알프스의 얼음물이 포강으로 흘러 이탈리아의 벼농사를 가능하게 만든 것이죠. 이탈리아의 쌀은 알프스 융설수가 만들었다고 해도 과언이 아니죠?

하천 둔치의 비밀

유럽에는 두 개 이상의 국가를 흐르는 국제하천이 있습니다. 유럽에 많은 나라들이 국경선으로 분리되어 있지만, 대부분 지리적으로 가깝기 때문에 하천이 여러 나라를 경유해 흐르고 있습니다.

하천의 수위는 강수량에 따라 달라집니다. 우리나라의 경우 강수량이 많은 여름철에는 하천의 수위가 올라가고, 겨울철에는 강수량이 적어서 하천의 수위가 내려갑니다. 따라서 우리나라의 하천은 여름과 겨울의 유량 변화가 커서 하상계수*가 큽니다.

반면 유럽의 하천은 유량 변화가 작습니다. 서안해양성기후의 영향으로 연중 강수량이 고르기 때문입니다. 이 지역에서는 하천의 수위가 거의 일정하기 때문에 배를 이용한 수운 교통이 발달했습니다. 여객선이나 화물선이 일정한 거리를 두고 물 위를 움직이는 모습이 신호등 없는 도로와 같습니다. 그러나 운하를 이용하는 선박 수가 늘면서 선박끼리 충돌하는 사고가 늘고 있다고 합니다. 선박 충돌로 인명 피해도 발생하지만, 기름 유출로 하천이 오염되면 생활용수로 사용하기가 어려워집니다.

융설수
겨울에 내린 눈이나 얼음이 녹은 물이다.

하상계수
하천의 최대 유량을 최소 유량으로 나눈 비율로, 수치가 클수록 유량 변동이 커서 수자원 이용에 불리하다.

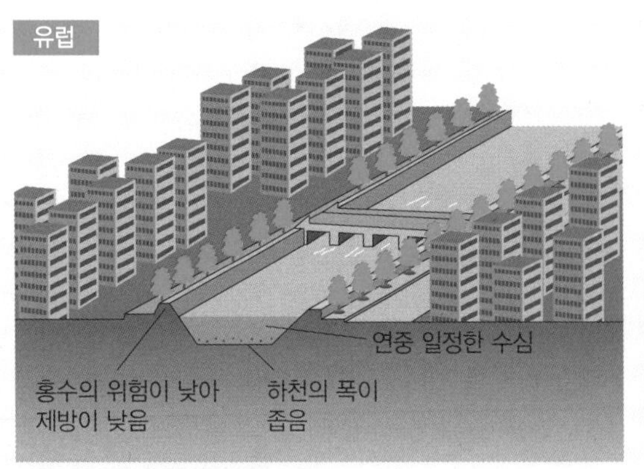

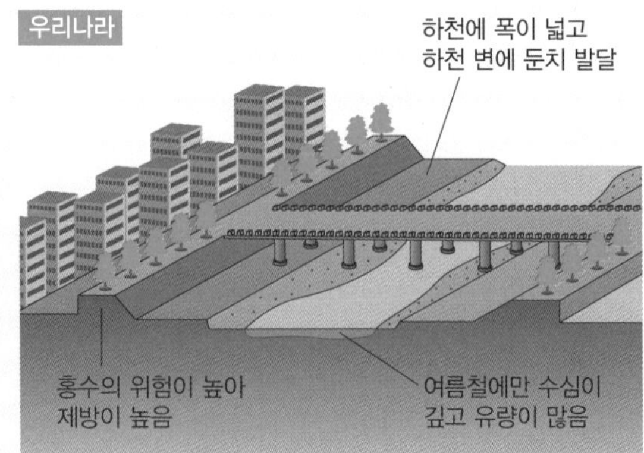

6. 유럽과 우리나라 하천의 모습

위 그림은 유럽과 우리나라의 하천 주변 모습을 비교한 자료입니다. 강수량의 계절적 차이가 작은 유럽의 하천은 유량 변동이 작아서 수심이 일정하고, 하천의 폭이 좁으며, 제방의 높이가 낮습니다. 반면 우리나라는 계절에 따라 하천의 유량 변화가 심합니다. 특히 여름철에 장마나 태풍의 영향으로 하천의 유량이 급격히 올라가기 때문에 하천의 범람을 막기 위해 수심이 깊고, 제방의 높이가 높습니다. 또한 하천변에 발달한 넓은 둔치는 평소에 운동장이나 공원으로 사용되지만 비가 많이 내리면 물이 하류로 흘러갈 수 있는 물길이 되어 홍수 예방에 도움이 됩니다. 이제 알겠죠? 유럽의 하천에 둔치가 없는 이유는 하천의 유량이 일정하기 때문입니다. 이렇게 강수량의 계절적 차이에 따라 하천의 모습도 다릅니다.

태풍 속에서 살아남기

태풍은 강한 바람과 비를 가져옵니다. 태풍이 발생하면 그 경로를 예측해 태풍이 우리나라에 미치는 영향을 수시로 확인하는데, 이는 그 위력이 매우 강력하기 때문입니다. 태풍은 위험반원(오른쪽)과 가항반원(왼쪽)° 으로 구분됩니다. 태풍의 위험반원은 가항반원보다 바람이 강하게 불고 비가 많이 내리는 지역입니다. 쉽게 말해서 태풍이 강타하는 곳입니다. 반면 가항반원은 위험반원에 비해 태풍의 세력이 비교적 약합니다. 따라서 태풍이 발생했을 때 우리나라가 태풍의 어느 쪽에 해당하는지 확인하는 것은 매우 중요합니다.

2002년, 저는 군대에서 며칠에 한 번씩 밤을 새며 근무했습니다. 어느 날 일기예보에서 제가 근무하는 날에 태풍 '루사'° 가 한반도를 통과할지도 모른다는 소식을 들었습니다. 뉴스 화면에서 태풍의 예상 경로를 보고, 마음속으로 간절히 기도했습니다. 태풍이 일본이나 중국 쪽으로 이동해서 우리나라가 태풍의 영향권에 들어가지 않게 해달라고요. 만약 태풍이 한반도 주변을 지나간다면 우리나라가 태풍의 왼쪽 가항반원에 들어가 그나마 피해가 적기를 간절히 기원했습니다.

그러나 소원은 이루어지지 않았습니다. 제가 있던 곳은 태풍의 위험반원에 해당했습니다. 그것도 위험반원에서 가장 위험하다는 태풍의 안쪽, 태풍의 눈 주변이었습니다. '난 이대로 날아가는 건가.' 태풍이 통과하는 날 아침부터 창밖에는 비바람이 불기 시작했습니다. 시간이 지날수록 바람은 점점 강해졌고, 빗줄기도 굵어졌습니다. 또한 태풍의 영향으로 많은 구름들이 하늘 위를 빠르게 지나갔습니다. 태풍이 점점 가까이 오고 있음을 느낄 수 있었습니다.

건물 안에서도 '웅웅' 하는 바람소리가 들릴 정도로 태풍은 더 강해진 것 같았습니다. 그런데 갑자기 바람이 건물 안으로 휘감으며 들어왔습니다. 누군가 환기를 시키려고 창문을 조금 열어 놓았는데, 그 틈으로 들어온 강한 바람 때문에 벽에 붙여 놓은 게시물이 한꺼번에 떨어져 나갔고, 벽에 붙은 거울이 '쨍그랑' 소리를 내면서 깨졌습니다. 눈 깜짝할 사이에 벌어진 어수선함에 놀라 재빨리 창문을

위험반원과 가항반원
북반구에서 태풍의 가항반원은 왼쪽, 남반구에서는 오른쪽이다.

루사
대한민국에서 하루 동안 가장 많았던 비의 양은 태풍 루사의 영향으로, 강릉에 내린 870.55mm입니다.

닫았습니다. 바람의 강도로 보아 태풍이 점점 가까이 다가오고 있다는 게 느껴졌습니다. 문제는 그때부터 시작되었습니다. 창밖으로 바람에 흔들리는 나무들을 보고 있었는데, 강한 바람 소리가 들리면서 창문 유리가 건물 안쪽으로 휘는 걸 보았습니다. '휭' 하는 바람 소리에 유리창이 볼록하게 안쪽으로 휘는데, 마치 낙지 머리가 유리창을 뚫고 들어올 것처럼 보였습니다. 그렇게 바람이 불 때마다 유리창은 안으로 불쑥불쑥 들어왔다 나가기를 반복했어요. 실제로 뉴스 특보에서 태풍의 위치를 확인해 보니, 태풍은 부대에서 몇 km 떨어진 곳을 지나가고 있었습니다.

태풍의 힘은 바다의 수증기에서 만들어집니다. 이를 잠열이라고 합니다. 숨겨진 에너지죠. 따라서 수증기가 없는 육지에서는 태풍의 힘이 약해집니다. 군부대 주변이 육지였지만, 태풍 루사는 처음부터 강한 비바람을 동반한 터라 육지에서도 여전히 강력했습니다. 또한 대부분의 태풍은 위도 30° 부근에서 편서풍의 영향을 받아 북동쪽으로 휘어서 이동하는데, 루사가 한반도로 접근했을 때에는 편서풍이 약해서 일본 쪽으로 방향을 바꾸지 않고, 직접 북상해 한반도를 관통했던 것입니다. 그래서 저는 태풍의 위험반원에서 태풍의 강력함을 느낄 수 있었습니다.

난생 처음 바닷가도 아닌 창문에서 수상한 '낙지 머리'에 넋이 나간 사이, 외곽 경계 근무를 나갔던 부대원이 복귀할 시간이 되었습니다. 바람이 강해서 복귀에 어려움이 있을 거라고 생각하며 초조하게 기다리고 있던 바로 그때, 복도에서 '우당탕탕' 하는 소리와 함께 무언가 부서지고 깨지는 소리가 들렸습니다. 신속하게 현장에 가보니 현관 중앙에 설치된 큰 거울이 바닥에 넘어져 깨져 있었습니다. 부대원이 경계 근무를 마치고 복귀하며 현관문을 열고 들어오는 순간 강한 바람이 실내로 들어와 큰 거울에 부딪히면서 깨진 것이었습니다. 정말 순식간에 일어난 일이었습니다. 바람의 세기를 측정할 수 없었지만, 바람의 힘을 경험하기에는 충분했죠.

그렇게 태풍이 지나가자 TV에서도 태풍이 북동진하며 우리나라를 통과해 동해상으로 빠져나갔다는 소식이 들렸습니다. 세차게 불었던 바람은 잠잠해져 태풍의 위험 지역에서 벗어났다는 것을 느낄 수 있었습니다. 태풍은 장마전선처럼 한반도를 오르락내리락하지 않고, 한 번에 훅 지나가기 때문에 안심이 되었습니다.

아침이 되었습니다. 여전히 밖에는 태풍이 남겨 놓고 간 듯한 비가 내리고 있었습니다. 저는 간밤의 태풍 피해 상황을 점검하기 위해 시설물들을 살폈습니다. 바닥에는 타이어가 많이 떨어져 있었습니다. 건물 지붕에 있었던 타이어가 바람에 떨어진 것이었습니다. 창고 지붕은 날아가서 하늘이 시원하게 보일 정도였습니다. 태풍은 우리에게 숙제를 주고 사라졌습니다. 그 숙제는 '원상복구.' 그때부터 지붕을 수리하고, 땅에 떨어진 타이어를 지붕에 올려놓으면서 태풍 피해를 복구하느라 동료들과 고생했던 기억이 납니다.

태풍 루사는 우리나라 역사상 하루 동안 가장 많은 비를 내렸습니다. 인명 피해 246명, 재산 피해액 약 5조 원이라는 대기록을 가지고 있습니다. '루사'는 말레이시아반도에서 서식하는 '사슴'의 이름이라고 합니다. 이름은 귀엽고 예쁘지만, 태풍의 위력은 이름만큼 귀엽지는 않았습니다.

Mind Map 핵심 개념 정리하기

열대계절풍기후와 온대계절풍기후

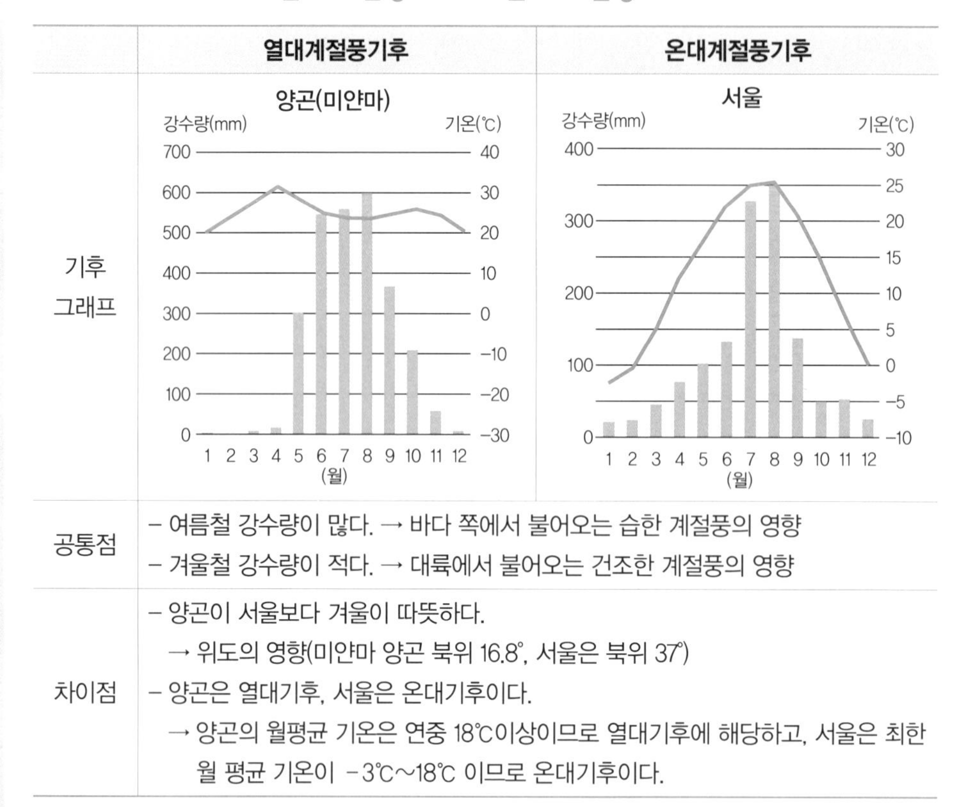

	열대계절풍기후	온대계절풍기후
기후 그래프	양곤(미얀마)	서울
공통점	– 여름철 강수량이 많다. → 바다 쪽에서 불어오는 습한 계절풍의 영향 – 겨울철 강수량이 적다. → 대륙에서 불어오는 건조한 계절풍의 영향	
차이점	– 양곤이 서울보다 겨울이 따뜻하다. → 위도의 영향(미얀마 양곤 북위 16.8°, 서울은 북위 37°) – 양곤은 열대기후, 서울은 온대기후이다. → 양곤의 월평균 기온은 연중 18℃이상이므로 열대기후에 해당하고, 서울은 최한월 평균 기온이 –3℃~18℃ 이므로 온대기후이다.	

Mind Map 핵심 개념 정리하기

서안해양성기후와 온대계절풍기후

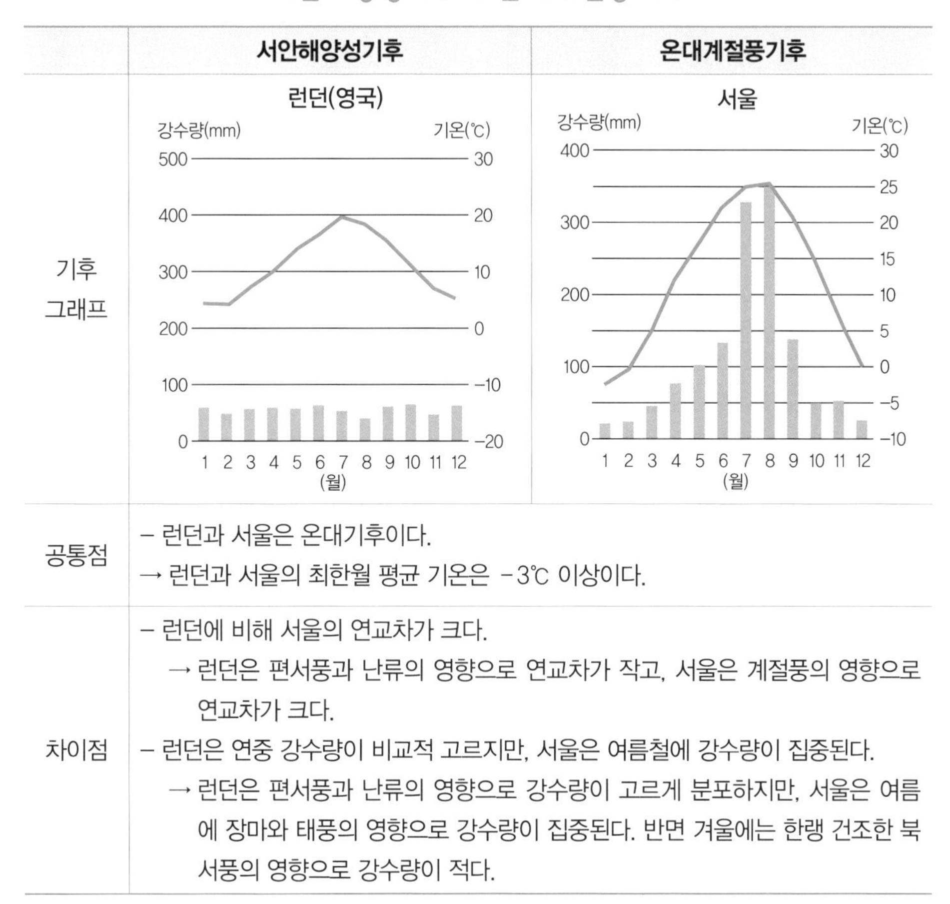

	서안해양성기후	온대계절풍기후
기후 그래프	런던(영국)	서울
공통점	− 런던과 서울은 온대기후이다. → 런던과 서울의 최한월 평균 기온은 −3℃ 이상이다.	
차이점	− 런던에 비해 서울의 연교차가 크다. → 런던은 편서풍과 난류의 영향으로 연교차가 작고, 서울은 계절풍의 영향으로 연교차가 크다. − 런던은 연중 강수량이 비교적 고르지만, 서울은 여름철에 강수량이 집중된다. → 런던은 편서풍과 난류의 영향으로 강수량이 고르게 분포하지만, 서울은 여름에 장마와 태풍의 영향으로 강수량이 집중된다. 반면 겨울에는 한랭 건조한 북서풍의 영향으로 강수량이 적다.	

냉대 · 한대 기후란 무엇일까?

- 냉대기후와 한대기후의 특징을 설명할 수 있다.
- 냉대기후와 한대기후 지역의 식생과 주민 생활에 대해 말할 수 있다.
- 한대기후에 속한 툰드라기후와 빙설기후의 차이점을 기후 그래프에서 찾을 수 있다.

냉대·한대 기후, 어디에 있을까?

혹독한 추위, 침엽수 위에 쌓인 눈, 통나무집에 눈을 털며 들어오는 사람의 모습은 냉대기후와 한대기후 중 어느 기후 지역의 모습일까요?

1. 냉대기후와 한대기후 지역

정답은 냉대기후입니다. 냉대기후 지역은 위도상으로 온대기후와 한대기후 사이에 위치합니다. 그림1의 지도에서 냉대기후가 나타나는 지역은 러시아 시베리아, 캐나다, 미국의 알래스카, 스칸디나비아반도, 우리나라의 북부지방 등에 분포합니다. 그러나 특이하게도 남반구에는 냉대기후 지역이 없습니다. 남아메리카, 남아프리카에서는 냉대기후대에 해당하는 육지의 면적이 좁은데다 바다의 영향 때문에 냉대기후가 나타나지 않습니다.

대륙 서안에서는 편서풍과 난류의 영향으로 대륙 동안보다 위도가 높은 지역에서 냉대기후가 나타납니다. 지도에서 대륙 서안에서는 냉대기후 지역이 고위도 쪽에 있는 것을 볼 수 있습니다. 대륙 서안이 편서풍과 난류의 영향으로 같은 위도의 대륙 동안에 비해 연평균 기온이 높기 때문입니다.

냉대기후보다 기온이 더 낮은 지역이 있습니다. 세계에서 가장 추운 지역, 바로 한대기후 지역입니다. 이 책에서는 세계의 기후를 열대기후(A), 건조기후(B), 온대기후(C), 냉대기후(D), 한대기후(E) 순서로 제시하고 있습니다. 앞에서부터 책을 차근차근 읽은 친구라면 내용이 점점 추운 지방을 향해 이어진다는 느낌을 받았을 거예요. 여러분이 마치 저위도에서 고위도까지 주변을 구경하듯이 내용을 구성했기 때문입니다.

드디어 마지막 한대기후 지역에 들어왔습니다. 한대기후는 유라시아 대륙 북부, 그린란드, 남극대륙 등 대부분 냉대기후 지역보다 고위도에 위치합니다. 또한 해발고도의 영향으로 고위도 지역이 아닌 히말라야산맥이나 안데스산맥 일부 지역에도 분포합니다. 한대기후는 최난월* 평균 기온이 약 10℃ 미만으로 냉대기후보다 연평균 기온이 더 낮고, 여름이 짧습니다. 물의 어는점(0℃)보다 기온이 낮은 달이 많아서 여름을 제외하면 대

최난월
1년 중 가장 따뜻한 달을 말한다.

부분 얼음 세상입니다.

냉대·한대 기후

특징: 냉대기후 지역은 춥고 긴 겨울과 연교차가 큰 대륙성기후가 나타납니다. 최한월 평균 기온이 -3℃ 이하로 내려가는 곳으로 연중 강수량이 고르게 분포하는 냉대습윤기후(Df)와 겨울철 강수량이 적은 냉대동계

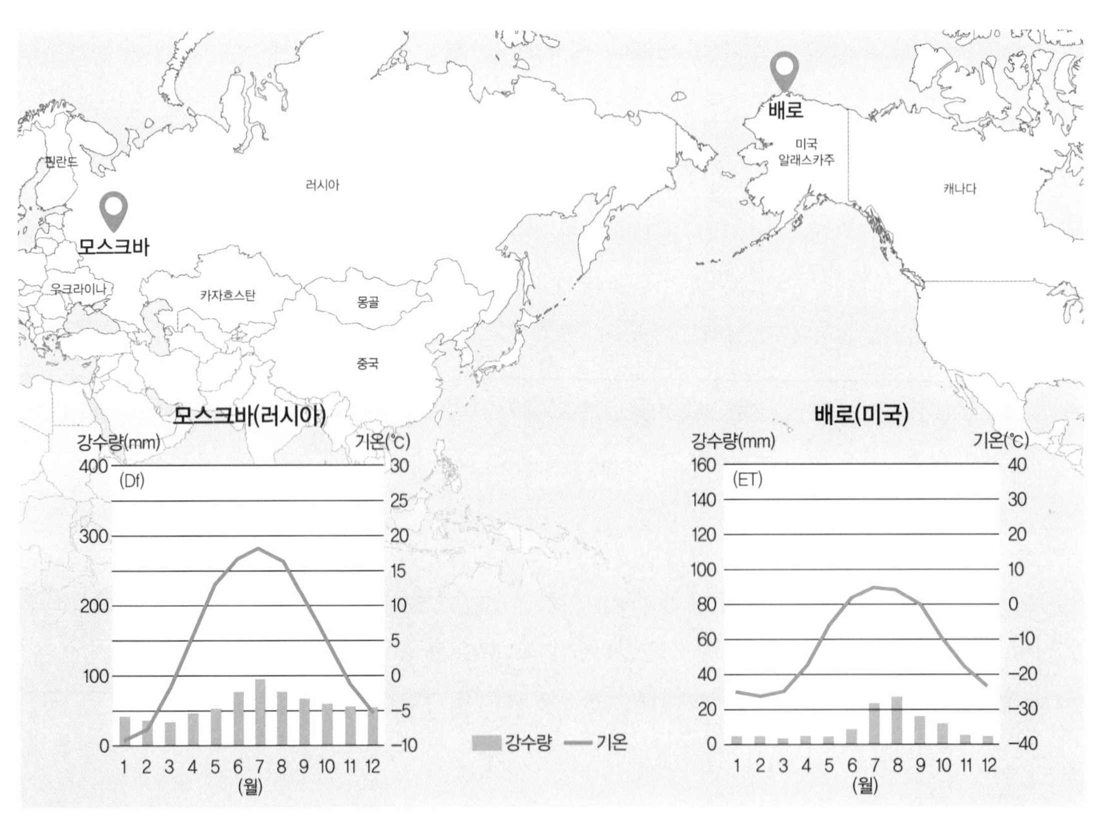

2. 냉대기후(모스크바)와 한대기후(베로) 그래프

건조기후(Dw)로 구분합니다.* 최한월 평균 기온 -3℃를 기준으로 -3℃ 이상이면 온대기후, -3℃ 이하이면 냉대기후나 한대기후입니다. 냉대기후는 춥고, 한대기후는 더 추운 것 같은데, 기후 그래프상에서 두 기후를 어떻게 구별할 수 있을까요? 최난월 평균 기온을 비교해 보면 됩니다. 최난월이란 1년 중 가장 따뜻한 달로, 계절상으로 여름이 되겠네요. 쾨펜은 최난월 평균 기온 10℃를 기준으로 10℃ 이상인 냉대기후와 10℃ 이하인 한대기후로 각각 구분했습니다. 추위에도 등급이 있다는 거죠.

그림2는 냉대기후와 한대기후 지역의 기후 그래프입니다. 러시아의 수도 모스크바는 북위 56°에 위치한 도시로 최난월 평균 기온이 10℃ 이상이고, 최한월 평균 기온이 -3℃ 이하인 냉대기후 지역입니다. 만약 최난월 평균 기온은 10℃ 이상인데, 최한월 평균 기온이 -3℃ 이상이라면 온대기후로 볼 수 있습니다. 배로는 미국 알래스카 북부에 위치한 도시입니다. 최난월 평균 기온이 10℃ 미만이어서 한대기후에 해당합니다. 냉대기후와 한대기후 지역의 추위를 이렇게 기억해 보면 어떨까요? 냉대기후 지역은 '앗! 추워', 한대기후 지역은 '앗!(입이 얼었음)'

한대기후보다 기온이 더 낮은 기후는 없습니다. 한대기후 지역 중에는 1년 내내 0℃를 넘지 않는 지역이 있습니다. 다음의 그림3은 한대기후 지역인 배로와 남극 맥머도의 기후 그래프입니다. 맥머도의 1월, 12월 기온이 7월보다 높습니다. 왜 그럴까요? 남극은 남반구에 위치해 여름과 겨울이 북반구와 반대입니다. 남반구에서는 1월이 여름이고, 7월이 겨울이에요.

남위 77°이며 남극대륙에 위치하는 맥머도의 연평균 기온은 0℃ 미만입니다. 1년 중에 얼음이 녹지 않을 만큼 혹독한 추위가 느껴지죠. 반면

냉대습윤기후와 냉대동계건조기후
이 책에서는 냉대습윤기후(Df)와 냉대동계건조기후(Dw)를 구분하지 않고, 냉대기후의 일반적인 특징을 중심으로 식생과 주민 생활에 대해 설명했다.

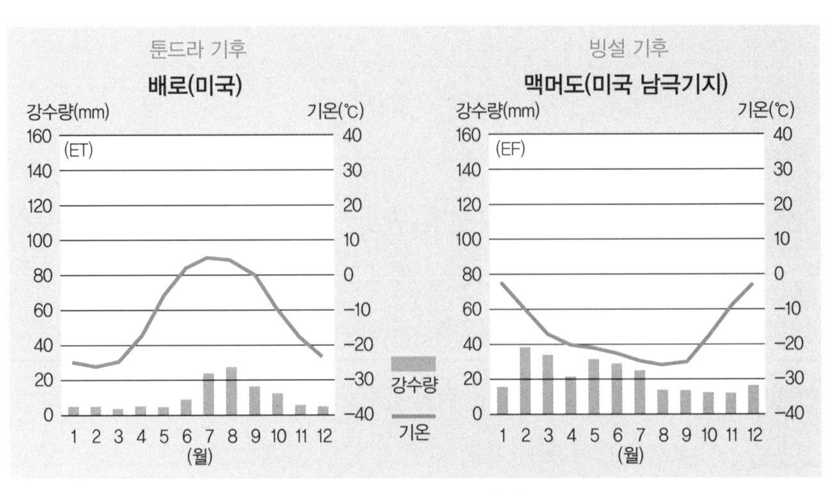

3. 툰드라기후(ET)와 빙설기후(EF) 그래프

배로(미국 알래스카주 북부)는 최난월 평균 기온이 0~10℃로 짧은 여름이 나타납니다. 한대기후는 최난월 평균 기온 0℃를 기준으로 0~10℃인 툰드라기후(ET)와 0℃ 미만인 빙설기후(EF)로 구분합니다. 이렇게 기억하는 건 어떨까요? '한대기후는 진짜 추운 기후(ET)와 진짜, 진짜, 진짜 말도 안 나올 정도로 추워서 펭귄이 대신 말해 주는 기후(EF)로 구분된다.' 한대기후 지역의 연 강수량은 200mm 정도로 적은 편이지만, 증발량이 적어 수분은 부족하지 않습니다.

식생: 냉대기후 지역의 식생은 침엽수이고, 침엽수가 이루는 숲을 '타이가'라고 합니다. 시베리아 타이가 지대를 어슬렁거리는 시베리아 호랑이를 떠올려 보세요. 호랑이는 영어로 '타이거', 타이거가 어슬렁거리는 숲은 '타이가', 쉽죠? 침엽수 분포 지역이 냉대기후 지역과 거의 일치하기 때문에 침엽수는 냉대기후를 대표하는 식생입니다. 침엽수는 수종이 단

순하고, 종이나 펄프로 사용됩니다.

냉대기후보다 더 기온이 낮은 한대기후의 식생은 어떨까요? 냉대기후와 한대기후 지역을 구분하는 기준은 '나무'입니다. 한대기후는 나무가 자라기 어려운 무수목 지대입니다. 이곳은 너무 추워서 나무가 자라기 어렵습니다. 앞에서 배웠던 건조기후 지역도 무수목 지대였죠. 따라서 나무의 유무를 통해서도 기후 특징을 찾을 수 있습니다.

툰드라기후 지역에는 얼음이 녹는 짧은 여름에 지의류나 선태류 같은 이끼 식물들이 자랍니다. 식생은 키가 크지 않으며 농사가 불가능해 이곳 주민들은 주로 수렵과 어로 생활을 합니다. 빙설기후 지역은 땅이 얼음으로 덮여 있어 식생이 분포하기 어렵습니다. 농사도 불가능하겠죠? 그래서 이 외로운 땅을 펭귄들이 지키고 있는 건 아닐까요?

냉대기후 지역의 주민 생활: 냉대기후는 여름이 짧고 겨울이 깁니다. 이곳에서는 길고 추운 겨울을 나기 위해 두꺼운 털옷을 입습니다. 러시아 사람들은 동물의 모피로 만든 털모자인 '샤프카'를 착용합니다. 이 지역의 겨울 기온은 매우 낮고, 바람은 매섭습니다. 영하 20℃를 밑도는 추위를 견디기 위해서는 따뜻한 집이 필요한데요. 이곳에서는 침엽수로 집을 짓습니다. 나무로 기둥을 세우고, 지붕을 올려서 만든 통나무집에서 거주했습니다.

냉대기후 지역에서는 추위에 잘 견디는 밀이나 옥수수, 감자를 재배합니다. 밀은 세계적인 주식 작물로 재배 시기에 따라 봄밀과 겨울밀로 구분합니다. 봄밀은 봄에 씨앗을 뿌려 가을에 수확하고, 겨울밀은 겨울에 씨를 뿌리고 봄에 거둡니다. 겨울밀은 겨울 기온이 따뜻한 지역에서만 재배가 가능해 냉대기후 지역에서는 주로 봄밀이 재배되고 있습니다. 앞에서 겨울밀은 지중해성기후 지역에서 생산된다고 배웠죠.

한대기후 지역의 주민 생활: 한대기후는 툰드라기후와 빙설기후로 나뉩니다. 빙설기후 지역은 연중 기온이 0℃ 미만이어서 인간의 거주에 불리하기 때문에 한대기후 지역의 주민들은 대부분 툰드라 지역에서 생활합니다. 툰드라 지역은 여름에만 지표면의 언 땅이 살짝 녹습니다. 그림4처럼 툰드라의 토양은 계절에 관계없이 항상 얼어 있는 영구동토층과 여름에만 녹는 활동층으로 구성됩니다. 기온이 올라가는 여름에는 활동층에 이끼 식물들이 군락을 이룹니다. 여름이 짧아 영구동토층은 녹지 않고 활동층만 녹기 때문에 키 큰 식생이나 나무가 자라기 어렵습니다.

툰드라 지역 사람들이 아끼는 동물이 있습니다. 바로 순록이에요. 순록은 '루돌프'로도 유명하죠. 이 지역 주민들은 이끼를 순록의 먹이로 사용하고, 순록에게서 우유와 고기를 얻어 생활합니다. 순록의 가죽으로 옷도 만들고, 천막집도 짓습니다. 또한 이동할 때 순록 썰매는 KTX보다 더 유용한 교통수단이 됩니다.

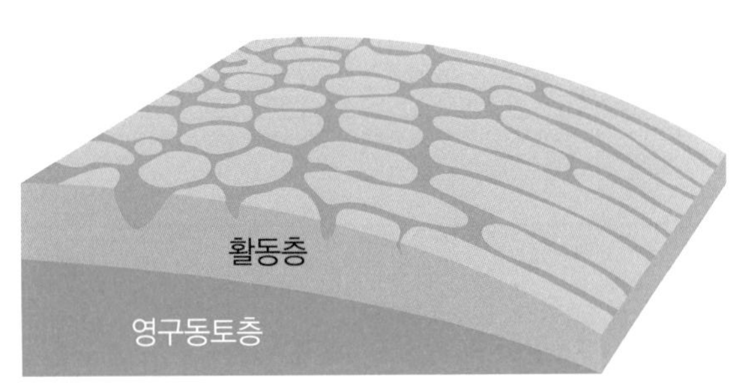

4. 툰드라 지역의 활동층과 영구동토층

이 지역 주민들은 순록에게 먹일 물과 이끼를 찾아 유목을 합니다. 유목은 스텝기후 지역에서도 나타나는데, 가축의 종류만 다를 뿐 가축을 데리고 이동하는 건 같습니다. 또한 채소와 과일을 구하기 어려워 육류 중심으로 식사하고, 고기나 생선은 주로 익히

지 않고 먹습니다. 그리고 식량 부족에 대비해 육류를 건조하거나 훈제하여 보관합니다.

툰드라 지역 주민들도 주변에서 얻을 수 있는 재료로 집을 짓습니다. 이끼로 집을 짓느냐고요? 순록을 키우는 주민들은 순록 가죽을 이용하고, 툰드라 일부 해안 지역에서는 바다코끼리 가죽을 사용해서 집을 짓습니다. 또한 이누이트족*은 얼음으로 이글루를 만들거나 고래 턱뼈로 집을 짓기도 했습니다. 대단하죠?

툰드라 지역에서도 고상 가옥이 있습니다. 앞에서 고상 가옥을 어디에서 봤었죠? 덥고 습한 열대기후였죠. 툰드라 지역에서 고상 가옥이 나타나는 이유는 토양의 구조 때문입니다. 활동층과 영구동토층으로 구성된 땅 위에 집을 지으면 활동층이 녹을 때 집이 기울어지거나 파손될 수 있어요. 그래서 집의 기둥을 영구동토층에 박아서 세우고 집 바닥을 지표면에서 띄워 툰드라식 고상 가옥을 탄생시켰습니다. 가옥을 지표면에서 띄우면 활동층이 녹아도 집이 흔들리거나 무너지지 않겠죠? 툰드라 지역의 송유관도 고상 가옥의 원리를 적용해 영구동토층에 기둥을 세워서 설치합니다.

한대기후 지역은 식생이 빈약하고, 춥고, 척박한 곳으로 인간의 거주지로 인기가 없는 곳이었습니다. 그러나 최근 툰드라 지역에 지하자원 개발이 활발해지면서 거주하는 사람들이 많아졌고, 남극 빙설기후 지역에는 기후변화, 지구온난화, 빙하 등의 연구를 위해 각 나라의 과학 기지가 세워지면서 상주하는 연구원들의 수가 늘었습니다. 우리나라도 남극대륙에 세종 과학기지와 장보고 과학 기지를 만들어 연구를 진행하고 있습니다. 지금 한대기후 지역은 인간이 살 수 없는 곳에서 인간의 거주지로 점점 바뀌고 있습니다.

* 이누이트족
그린란드, 캐나다, 알래스카 등 북극해 연안에 사는 인종으로 에스키모라고도 불린다.

항공기의 비상 착륙

○○○○년 11월 어느 날, 프랑스 항공사인 에어프랑스 여객기가 프랑스에서 상하이 푸동 공항으로 이륙했습니다. 여객기가 시베리아 상공을 통과할 때, 기내에서 연기가 발생해 여객기는 시베리아 남부의 이르쿠츠크 공항에 비상 착륙했습니다. 이르쿠츠크 공항의 기온은 －17℃였지만, 목적지인 상하이는 온대기후 지역으로 냉대기후 지역인 시베리아보다 따뜻하기 때문에 승객들은 캐리어에 비교적 가벼운 옷만 챙겼습니다. 시베리아를 경유해 냉대림을 볼 계획이 없었던 승객들은 6시간 동안 기내에 대기하고 있다가 항공사의 안내에 따라 인근 시설과 호텔로 이동했습니다.

그러나 비극은 여기서 끝나지 않았습니다. 항공사에서 비행기를 점검했지만 정비에 많은 시간이 소요될 것으로 예측되어 항공사는 대체 여객기를 투입했습니다. 승객들은 용감하게(?) 상하이에서 입을 비교적 가벼운 옷을 껴입고, 시베리아의 매서운 추위를 뚫으며 대체 여객기로 옮겨 탑승했습니다. '이제 출발이다. 시베리아 안녕!' 하며 안전벨트를 착용하고 이륙을 기다렸지만 비행기는 움직이지 않았습니다. 비행기가 승객들을 태우기 위해 착륙해 있는 동안 기체 유압 장치°가 얼어서 이륙할 수 없게 된 것입니다. 승객들은 다시 용기를 내서 칼바람을 뚫고, 임시 숙소로 돌아갔습니다.

대체 항공기 투입 작전 실패로 에어프랑스사는 다급해졌습니다. 이르쿠츠크 공항에 덩그러니 서 있는 두 대의 항공기 모두 꿈쩍도 하지 않았기 때문입니다. 결국 항공사는 프랑스에서 대체 여객기를 추가 투입하였고, 목적지에 도착하기도 전에 비행기에서 두 번이나 내렸던 승객들은 이틀만에 상하이로 가는 비행기

기체 유압 장치
항공기에 동력을 전달하는 장치이다.

에 다시 탑승할 수 있었습니다. 다행히 이번에는 기체 유압 장치가 얼지 않아서 무사히 상하이에 도착했습니다.

승객들이 머물렀던 이르쿠츠크에는 '시베리아의 진주'라고 불리는 '바이칼호'가 있습니다. 바이칼호는 시베리아 오지에 있는 호수로 사람의 손길이 닿지 않아 세계에서 가장 깨끗한 호수라고 합니다. 승객들이 이르쿠츠크 공항에서 한 시간만 이동했다면 아름다운 호수를 볼 수 있었을 텐데 그 근처에서 이틀 동안이나 감금 생활을 했다니 너무 안타깝네요. 참고로 말하자면 이르쿠츠크는 과거 재정 러시아 시대에 정치범들을 유배시켰던 곳이라고 합니다.

타오르는 남극

1911년, 노르웨이 탐험가 아문센이 인류 최초로 남극점을 정복했습니다. 그리고 약 45년 후 미국은 남극점을 정복한 아문센(노르웨이)과 로버트 스콧(영국)[*]을 기념하기 위해 아문센–스콧 과학 기지를 건설했습니다. 이 기지는 남극점에서 불과 100m밖에 떨어져 있지 않은 남극 오브 남극에 있습니다. 여기서 문제!

Q 남극에 과학 기지를 가장 먼저 세운 나라는?

1 독일 2 미국 3 러시아 4 아르헨티나

정답은 아르헨티나입니다. 아르헨티나는 스코틀랜드의 탐험가 윌리엄 브루스의 제안으로 남극 북서쪽 끝에 위치한 라우리섬에 오르카다스 베이스를 설치했

로버트 스콧
그는 아문센이 남극점에 도달한 1년 후인 1912년에 남극에 도착했습니다.

습니다. 남극점에서 멀리 떨어진 곳이지만 100년 전부터 남극 연구를 시작했다는 사실이 놀랍습니다. 우리나라의 100년 전 모습을 떠올려 보세요.

2020년 2월 25일에 아문센 스콧 과학 기지에서 측정된 낮 최고 기온은 -29℃, 최저 기온은 -32℃입니다. 쾨펜의 기후 구분에 따르면 빙설기후(EF)는 최난월 평균 기온이 0℃이하이기 때문에 -29℃는 정상적인 기온에 속합니다. 아래 자료는 NASA에서 2020년 2월 4일과 13일에 남극 북서쪽에 위치한 이글섬을 촬영한 사진입니다. 2월 4일에 눈과 얼음으로 덮였던 곳이 불과 9일 만에 갈색 땅이 드러나고 푸른색 연못이 생겼습니다. 이 정도 두께의 얼음이 녹으려면 많은 시간이 걸릴 텐데, 9일 만에 이렇게 많은 얼음이 녹은 이유는 무엇일까요?

이글섬에서 가장 가까운 기지에서 측정한 2월 6일 최고 기온은 18.3℃입니다. 같은 날 서울의 최고 기온은 0℃였습니다. 남극의 기온이 서울보다 높은 건 흔하지 않은 일이죠? 또한 하루만 기온이 높았다고 해서 이렇게 많은 양의 얼음이 녹을 수 있을까요? 남극의 이상 고온 현상은 2월 13일까지 계속되었습니다. 이 기간의 기온 분포는 온대기후나 냉대기후에 가깝습니다. 심지어 같은 날 남극대륙

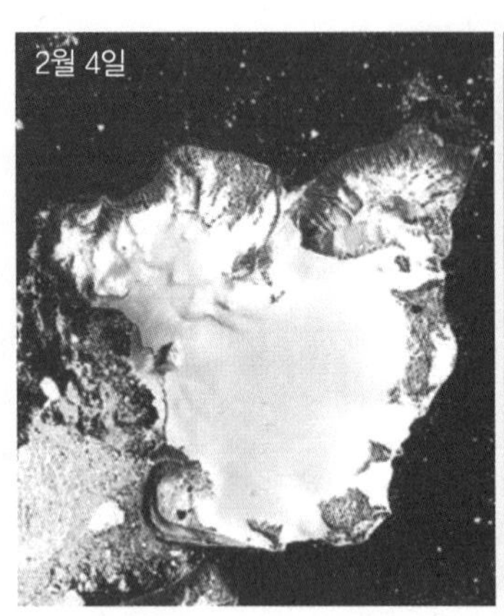

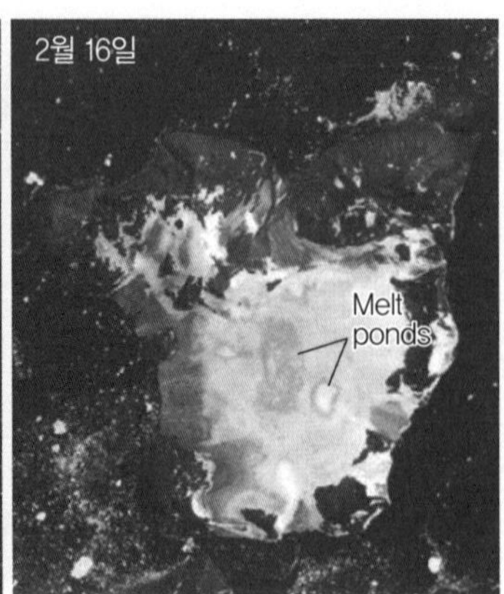

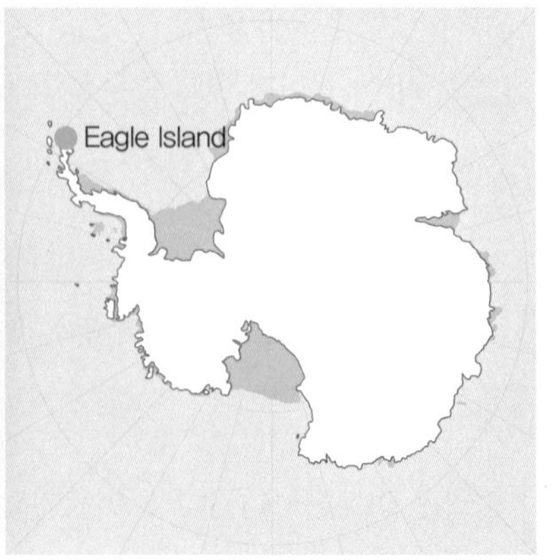

5. 남극의 이상 기온 현상(출처: NASA)

북단에 있는 시모어섬의 기온은 20.75℃로 사상 처음으로 남극의 기온이 20℃를 넘는 기록도 세웠습니다.

기후학자들은 지구온난화로 인한 기후 변화가 일상이 되었다고 합니다. 사막에 눈이 내리고, 겨울철 냉대기후 지역에서 새싹이 돋는 등 우리가 알고 있던 기후의 모습이 달라지고 있습니다. 오랫동안 빙하를 연구한 과학자는 이글섬의 모습을 보고 이렇게 말했습니다. '나는 남극대륙에서 이렇게 빨리 연못이 녹는 것을 한 번도 본 적이 없다.' 앞으로 우리는 무엇을 해야 할까요?

북극 산불

썰강 30

2019년 6월, 북극 주변의 툰드라 지역인 미국 알래스카, 캐나다 북부, 시베리아에서 화재가 발생했습니다. 화재의 원인은 폭염. 이 지역의 기온이 오르면서 활동층에서 자란 이끼가 발화의 원인이었습니다. 툰드라 지역에서는 여름에 깊이 1~2m의 활동층이 녹으면서 이끼가 자라기 시작하는데, 6월 초부터 기온 상승으로 이끼에서 불이 나는 건 이례적이라고 합니다. 처음에는 작은 규모의 화재가 몇 군데서 관찰되는 정도였지만, 시간이 지날수록 화재가 곳곳에서 일어나면서 화재의 규모도 커졌습니다. 미항공우주국(NASA)에서 공개한 자료에 따르면 6월 1일부터 7월 21일까지 북극 지역에 발생한 산불로 약 100Mt(메가톤)의 이산화탄소가 대기 중에 방출되었다고 합니다.

툰드라 화재의 불씨는 순록의 먹이인 이끼였습니다. 이 지역의 이끼는 스폰지처럼 푹신하고, 우리나라에 서식하는 이끼보다 뿌리가 길고, 키가 큽니다. 이끼는 영구동토층을 대기로부터 보호하여 땅이 기온 변화에 노출되지 않도록 막는 방패입니다. 영구동토층은 수백만 년 동안 지구의 탄소를 저장한 냉동고로, 영구동토층이 녹으면 땅 속에 저장되었던 탄소가 대기중에 방출되어 지구온난화가 급속히 진행될 가능성이 있습니다. 그래서 툰드라 지역의 가옥과 각종 시설물이 파괴되거나 산사태가 발생할 수도 있으며 영구동토층의 융해로 북극권의 육지 모습이 달라질 수 있다는 우려도 나옵니다.

북극에서 화재가 있었던 2019년 7월, 냉대기후 지역인 알래스카 앵커리지의 낮 최고 기온이 31℃를 기록했습니다. 그동안 앵커리지의 7~8월 평균기온이 약 18℃정도였다는 점에서 31℃는 기록적인 수치입니다. 또한 이 지역에서는 이상고온 현상이 자주 발생해 선글라스를 착용하거나 야외에서 선탠이나 물놀이를 즐기는 모습이 이제는 일상이 되었다고 합니다. 기후 변화가 점점 현실이 되어 가는 것 같습니다.

Mind Map 핵심 개념 정리하기

냉대 · 한대기후의 특징

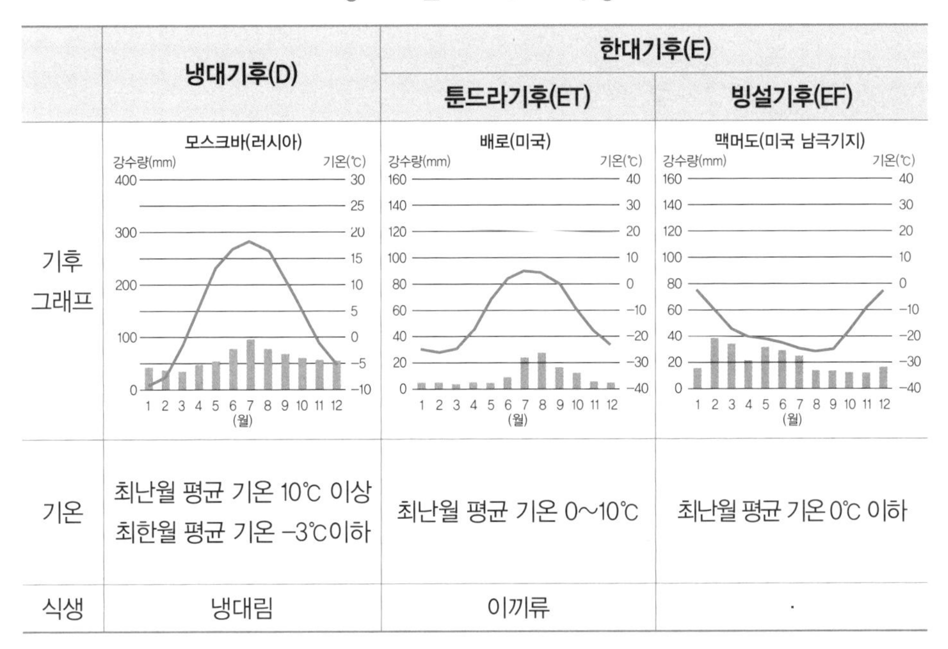

	냉대기후(D)	한대기후(E)	
		툰드라기후(ET)	빙설기후(EF)
기후 그래프	모스크바(러시아)	배로(미국)	맥머도(미국 남극기지)
기온	최난월 평균 기온 10℃ 이상 최한월 평균 기온 −3℃이하	최난월 평균 기온 0~10℃	최난월 평균 기온 0℃ 이하
식생	냉대림	이끼류	·

교과서가 쉬워지는 통 사회

한 번에 끝내는 사회 지리 편

초판 1쇄 인쇄 2020년 07월 06일
초판 1쇄 발행 2020년 07월 15일

지은이 홍근태
펴낸이 이성림
펴낸곳 성림북스

디자인 쏘울기획
마케팅 임동건

출판등록 2014년 9월 3일 제25100-2014-000054호
주소 서울시 은평구 연서로3길 12-8, 502
대표전화 02-356-5762 **팩스** 02-356-5769
이메일 sunglimonebooks@naver.com
네이버 포스트 https://post.naver.com/sunglimonebooks
페이스북 https://www.facebook.com/sunglimonebooks/

ISBN 979-11-88762-14-9 43980

* 이 도서의 국립중앙도서관 출판예정도서목록(CIP)은 서지정보유통지원시스템 홈페이지(htt://seoji.nl.go.kr)와 국가자료공동목록시스템(htt://www.nl.go/kolisnet)에서 이용하실 수 있습니다.(CIP제어번호 : CIP2020025223)